AF629441

Chemie der Fette

vom physiologisch-chemischen Standpunkte.

Von

Prof. Dr. ADOLF JOLLES
in Wien.

Zweite, vermehrte und verbesserte Auflage.

Straßburg.
Verlag von Karl J. Trübner.
1912.

M. DuMont Schauberg, Strassburg.

Vorwort zur ersten Auflage.

Die intensive Bearbeitung der Fettchemie seitens der Physiologen, der organischen und der physikalischen Chemiker, sowie die Wichtigkeit der einschlägigen Probleme für die Physiologie und Pathologie ließen es wünschenswert erscheinen, die neueren Forschungen, insoweit sie physiologisch bedeutsam sind, im Zusammenhang mit den inzwischen erzielten Ergebnissen der organischen und physikalischen Chemie darzulegen. Der jetzige Zeitpunkt erschien mir um so günstiger, als in den letzten Jahren die synthetischen und analytischen Methoden in dieser Körperklasse wesentlich verbessert wurden, so daß die Möglichkeit gegeben ist, manche zweifelhafte Angaben richtig zu stellen und bisher strittige Fragen zu entscheiden. In der vorliegenden Zusammenstellung sind die chemischen Fragen nur mit Bezug auf ihr physiologisches Interesse berücksichtigt, auf die Besprechung technologischer oder analytischer Probleme konnte um so eher verzichtet werden, als hiefür eingehende Fachwerke vorliegen und die Arbeit sonst allzu umfangreich geworden wäre.

Wien, im April 1907. A. Jolles.

Vorwort zur zweiten Auflage.

Das seit dem Erscheinen der ersten Auflage stark angewachsene Tatsachenmaterial hat es notwendig gemacht, im Interesse der Übersichtlichkeit der Darstellung auf eine Wiedergabe sämtlicher Detailforschungen zu verzichten und nur jene Arbeiten zu berücksichtigen, die einerseits in chemischer Beziehung experimentell gut gestützt sind und anderseits in physiologischer Hinsicht von Belang sind oder für die Weiterarbeit Förderung versprechen.

Aus demselben Grunde sind die verschiedenen Fettstoffe, ebenso wie die Ausgangsmaterialien und Zwischenprodukte für ihre Synthese in eigenen Tabellen zusammengefaßt worden.

Es erschien mir zweckmäßig, außer den reinen Fetten in chemischem Sinne auch die Wachsarten und Lipoide, soweit sie physiologisch von Interesse sind, zu berücksichtigen.

Auf ein Eingehen auf die vielfachen Kontroversen und ungeklärten Ansichten über die Lipoide und Zerebroside wurde verzichtet; ich habe es jedoch für richtig erachtet, das im Vordergrunde des Interesses stehende Lecithin eingehender zu behandeln.

Schließlich sei darauf hingewiesen, daß auch auf die Abfassung der Tabellen, des Autoren- und Sachregisters besondere Sorgfalt verwendet wurde.

Wien, im Dezember 1911. A. Jolles.

Inhaltsverzeichnis.

Mit dem Namen «Fette» bezeichnet man in der Regel die Glyzeride (Glyzerinester) der höheren Fettsäuren. Doch ist diese Definition nicht vollständig ausreichend, da einerseits gewisse Ester von höheren Alkoholen auch Fette genannt, anderseits manche Glyzeride zu den Wachsarten gezählt werden. Da jedoch weitaus die meisten und wichtigsten Fette Glyzeride sind, so sollen zunächst die in diese Gruppe gehörigen Fette besprochen werden und im Anhange dazu die Fettsubstanzen anderer chemischer Konstitution folgen.

In der Natur finden sich die Fette meist im Gemisch mit freien Fettsäuren, Glyzeriden der flüchtigen Fettsäuren und mit höheren Alkoholen, unter denen speziell das Cholesterin wichtig ist; ferner sind sie oft von charakteristischen Riech- und Farbstoffen begleitet, deren Natur bisher nur zum geringsten Teil bekannt ist, die aber für die Anwendung oft von ausschlaggebender Wichtigkeit sind.

In reinem Zustande sind die Fette farblos, geruchlos und neutral; ihr spezifisches Gewicht ist kleiner als 1. Während die freien Fettsäuren, zumal die gesättigten, gegenüber dem Luftsauerstoff sehr beständig sind, werden die Fette, namentlich die ungesättigten, durch denselben oxydiert, besonders in Gegenwart von Feuchtigkeit und bei Belichtung. Hierüber, sowie über die Verseifung der Fette finden sich Angaben bei der Besprechung der betreffenden Körperklasse. Beim Erhitzen auf höhere Temperatur erfolgt tiefgehende Zersetzung; nichtsdestoweniger ist es gelungen, durch Anwendung sehr hohen Vakuums verschiedene Fette, z. B. Trilaurin, zu destillieren. Neuberg[1]) hat durch Erhitzen abgeschlossener Gemische von viel Neutralfett und wenig optisch aktiven Fettsäuren Gemische

[1]) Biochem. Zeitschr., Bd. VII, S. 199—212.

von optisch aktiven Kohlenwasserstoffen dargestellt, die dem natürlichen Erdöl gleichen.

Glyzeride der Fettsäuren.

Die Glyzeride haben die allgemeiue Formel

$$\begin{array}{l} CH_2 - OCOR \\ | \\ CH - O\text{-}COR \\ | \\ CH_2 - O\text{-}COR \end{array}$$

wobei R ein gesättigtes oder ungesättigtes Radikal bedeuten kann. Die Zahl der Fettsäuren, die aus Naturprodukten isoliert wurden, ist bereits eine sehr große; um so merkwürdiger ist es, daß sich in den Naturprodukten nie Fettsäureester zwei- oder vierwertiger Alkohole gefunden haben, ebensowenig wie Derivate substituierter Glyzerine.

A. Glyzerin.

Das Glyzerin

$$\begin{array}{l} CH_2OH \\ | \\ CHOH \\ | \\ CH_2OH \end{array}$$

ist also die Basis sämtlicher Fette. Es wurde im Jahre 1779 von Scheele entdeckt, seine weitere Untersuchung ist Chevreuil, Pelouze, Berthelot und anderen zu verdanken; seine endgültige Formel wurde von Erlenmeyer aufgestellt. Auf synthetischem Wege wurde es von Friedel und Silva erhalten. Von der bereits aus den Elementen synthetisch gewonnenen Essigsäure gelangten diese Forscher über Aceton, Isopropylalkohol, Propylen und Propylendichlorid zum Trichlorhydrin, welches beim Verkochen mit Wasser (unter Ersatz der Chloratome durch Hydroxyl) Glyzerin lieferte. Es ist ein neutraler, farb- und geruchloser Körper, der sich mit Wasser in jedem Verhältnis mischt, sehr hygroskopisch ist und wie alle Polyoxykörper süß schmeckt. Der Schmelzpunkt des reinen Glyzerins liegt bei 17°, es krystallisiert aber infolge seiner Hygroskopizität auch unterhalb dieser Temperatur nur schwer.

Es siedet bei 290° unter teilweiser Zersetzung, so daß man zur Gewinnung eines reinen Produktes entweder im Vakuum oder mit Hilfe von überhitztem Wasserdampf destillieren muß. Die Hydroxylwasserstoffatome des Glyzerins können durch Metall (Alkalien, Erdalkalien, Pb usw.) ersetzt werden (Glyzerate).[1])

Die Hydroxyde des Ca, Sr, Ba lösen sich im Glyzerin unter Bildung von Additionsprodukten, den Glyzerinaten, vom Typus $(C_3H_5OH)_3 \cdot Ca(OH)_2$.[2])

B. Fettsäuren.

Mit dem Namen Fettsäuren bezeichnet man die Monokarbonsäuren mit offener Kohlenstoffkette. Nach dem Vorkommen doppelter Bindung und dem Ersatz von Wasserstoffatomen durch die Hydroxylgruppe zerfallen sie in folgende Unterabteilungen:

I. Gesättigte Fettsäuren $C_nH_{2n}O_2$.
II. Ungesättigte Fettsäuren $C_nH_{2n-2}O_2$.
III. Ungesättigte Fettsäuren $C_nH_{2n-4}O_2$.
IV. Gesättigte Oxysäuren.

Die in der Natur vorkommenden Fette sind zumeist Gemische von Glyzeriden verschiedener Fettsäuren. Die Trennung und Isolierung dieser Säuren ist mit großen Schwierigkeiten verbunden wegen ihrer großen chemischen und physikalischen Ähnlichkeit. Man versuchte es ehemals mit der fraktionierten Krystallisation, einem Verfahren, das jedoch sehr unzulänglich war. Etwas brauchbarer waren die späteren Methoden von Heintz, der mit Baryum- oder Magnesiumacetat trennte,[3]) und ähnlich von Pebal, welcher Bleiazetat anwendete,[4]) verbessert von Partheil und Ferié, der mit besserem Erfolge die fraktionierte Fällung und Krystallisation der Lithiumsalze vornahm.[5])

---

[1]) Vgl. Beilstein, Handbuch der organ. Chemie, III. Aufl., Bd. I, S. 276 u. Ergänzungsbd. I, S. 98.

[2]) Grün und Bokisch, Ber. Bd. XLI, S. 3465 (1908).
Grün und Husmann, Ber. Bd. XLIII, S. 1291 (1910).

[3]) Journ. f. prakt. Ch., Bd. LXVI, S. 1 (1855).

[4]) Ann., Bd. XCI, S. 138 (1854).

[5]) Archiv d. Pharm., Bd. CCXLI, S. 552 (1903).

Andere ebensowenig vollkommene Methoden wurden z. B. vorgeschlagen von Varrentrapp[1]) zur Trennung der flüssigen Säuren von den festen mittels der Bleisalze, welche ersteren in Äther löslich sind; von Twitchell zur Trennung der ungesättigten Säuren in Form ihrer Schwefelsäure-Additionsprodukte;[2]) von Hazura[3]) zur Trennung der ungesättigten Säuren vermittelst ihrer Bromadditionsprodukte; von Farnsteiner[4]) zur Trennung der Ölsäure bez. Elaïdinsäure von den stärker ungesättigten Säuren, eine auch für die Homologen der Ölsäure gut brauchbare Methode.

Im allgemeinen ist jedoch die einzig verläßliche Trennungsmethode die von Krafft[5]) vorgeschlagene Destillation der Glyzeride im Vakuum des Kathodenlichtes.

I. Gesättigte Fettsäuren $C_nH_{2n}O_2$. (Siehe Tabelle I.)

Wie aus der Zusammenstellung ersichtlich, ist die Zahl der gesättigten Fettsäuren sehr groß; doch ist das Vorkommen der meisten dieser Körper ein vereinzeltes, und in den Nahrungsfetten finden sich fast nur die normalen Fettsäuren, d. h. solche mit unverzweigter Kohlenstoffkette und von diesen nahezu ausschließlich die mit einer geraden Anzahl von Kohlenstoffatomen, also z. B. die Verbindungen $C_{10}H_{20}O_2$, $C_{12}H_{24}O_2$, $C_{16}H_{32}O_2$, $C_{18}H_{36}O_2$, $C_{20}H_{40}O_2$ usw., während die ungeraden Glieder der Fettsäurereihe entweder in Naturprodukten selten vorkommen oder überhaupt bis jetzt nur auf künstlichem Wege, z. B. durch Aufbau oder Abbau aus den Verbindungen mit gerader Kohlen-

---

[1]) Journ. f. prakt. Ch., Bd. XCIX, S. 407 (1866). — Pharm. Zentralhalle, Bd. V, S. 337. — Muter und de Koningh, Analyst (1889), 61. — Lane, Journ. Am. Ch. Soc. (1893), II. — Chem. d. austrocknenden Öle, 1867, S. 44. — Journ. Soc. Ch. Ind., Bd. XCIX, S. 407. — Ferié, Dissert., Bern, 1903, S. 7.

[2]) Journ. soc. chem. Ind. (1897), 1002.

[3]) Hazura, Monatshefte f. Ch. Bd. VIII, S. 147 ff. (1887) und Bd. IX, S. 198 (1888).

[4]) Farnsteiner, Zeitschr. f. Nahrungs- u. Genußmittel 1899, S. 1 ff.

[5]) Ber. Bd. XXII, S. 816 (1889) und Ber. Bd. XXIX, S. 1316 (1896); ferner Ber. Bd. XXXVI, S. 4339 (1903) und Ber. Bd. XXXVII, S. 95 (1904). Auch Ber. Bd. XXXIX, S. 3570 (1906).

stoffzahl erhalten wurden. Die Methoden hierzu wurden besonders von Hofmann, Lieben, Krafft, Blaise ausgebaut. Nachdem Frankland und Kolbe aus Methylalkohol Essigsäure und aus Äthylalkohol Propionsäure dargestellt hatten, ferner Chancel letztere Säure in Propionaldehyd und Rossi diesen Aldehyd in Propylalkohol übergeführt hatte, gelang es anderen Forschern, so besonders Lieben,[1]) eine Reihe von Fettsäuren auf folgendem Wege aufzubauen:

$$R \cdot COOH \rightarrow RCHO \rightarrow RCH_2OH \rightarrow RCH_2Cl \rightarrow RCH_2CN \rightarrow RCH_2COOH.$$

Die höheren Glieder wurden nach der Acetessigestersynthese gewonnen:

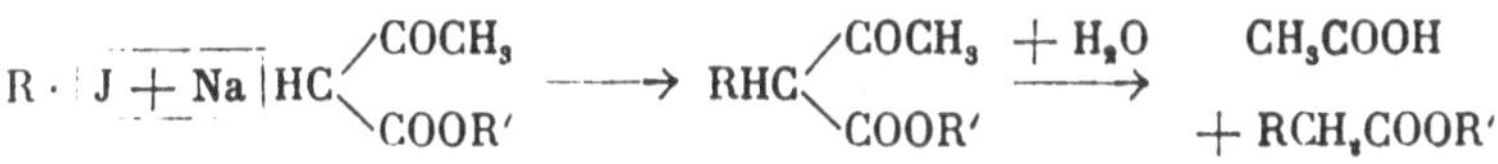

Von grundlegender Bedeutung war auch der Abbau von Krafft,[2]) der stufenweise von der Stearinsäure zur Nonylsäure gelangte, indem er von jeder Säure durch trockene Destillation ihres Ba-Salzes mit essigsaurem Baryt das Methylketon darstellte, welches beim Oxydieren mit Chromsäure die nächst niedrigere Säure (neben Essigsäure) lieferte:

$$R \cdot CH_2CO\,|\,Oba + baOCO\,|\,CH_3 \rightarrow R \cdot CH_2 \cdot COCH_3 \rightarrow R \cdot COOH + HOCOCH_3.$$

Von Hofmann[3]) stammt eine Methode, nach der man vom Säureamid durch Behandeln mit Bromlauge zunächst zum Amin mit um 1 geringerer C-Anzahl kommt:

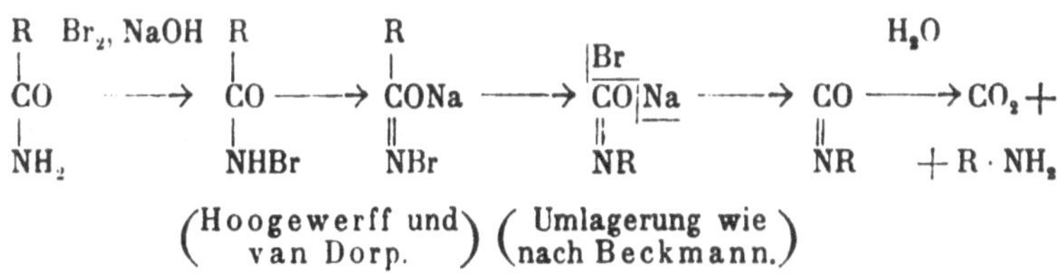

[1]) Annalen, Bd. CLIX, S. 58 (1871); Ann., Bd. CLIX, S. 70; Ann., Bd. CLXXXVII, S. 139; auch Franchimont, Ann., Bd. CLXV, S. 237 (1873).

[2]) Ber. Bd. XII, S. 1664, 1668; Ber. Bd. XV, S. 1678, 1710, 1711.

[3]) Ber. Bd. XIV, S. 2725; Ber. Bd. XV, S. 407, 752, 762 (1882).

Aus dem Amin entsteht bei abermaligem Versetzen mit Bromlauge das Cyanid, das bei vorsichtiger Behandlung mit angesäuertem Wasser das um 1 C-Atom ärmere (als das ursprüngliche) Amid gibt:

$$R'CH_2NH_2 \xrightarrow{Br_2,\ NaOH} R'C|\overline{H_2}|\underline{N}|\overline{Br_2}| \longrightarrow R' \cdot CN \xrightarrow{H_2O} R'CONH_2$$
$$(R'CH_2 = R)$$

Eine interessante Abbaumethode wurde in neuerer Zeit von Blaise[1]) veröffentlicht. Er führt nämlich die Fettsäuren über ihre α-Halogenderivate in die α-Oxysäuren und diese in ihre Laktide über, welche dann beim Destillieren unter CO-Abspaltung in die nächst niedrigeren Aldehyde übergehen:

$$R \cdot CH_2 \cdot COOH \longrightarrow R \cdot CHClCOOH \longrightarrow RCH(OH)COOH \longrightarrow$$
$$RCH\begin{matrix} \diagup O - CO \diagdown \\ \diagdown CO - O \diagup \end{matrix}CHR \longrightarrow 2\ CO + 2\ RCHO$$

Die niederen Glieder der Fettsäurereihe, wie Butter-, Isobutter-, Valerian- und Capronsäure kommen in Fetten zwar auch vor, allein ihre Menge ist gering und für die Ernährung sind sie belanglos; dagegen sind sie insofern für die Anwendung wichtig, als sie, beziehungsweise ihre Ester, einen charakteristischen Geruch aufweisen — die Säuren meist einen widerlichen, die Ester einen angenehmen — und dadurch für das Aroma der Fettsubstanzen maßgebend sind.

Es sei hier auf eine Bildungsweise der Ameisensäure hingewiesen, die physiologisch-chemische Bedeutung hat: In sehr schwach alkalischer ($^n/_{100}$) Lösung schon werden verschiedene Zuckerarten, Monosaccharide und Disaccharide, durch Wasserstoffsuperoxyd zum Teil zu Ameisensäure oxydiert. Es spricht manches dafür, daß ähnliche Vorgänge im tierischen Organismus anzunehmen sind.[2]) Die Essigsäure findet sich in den Pflanzensäften oft frei, ihre Ester bilden häufig einen Bestandteil der vegetabilischen Öle. In kleiner Menge ist sie in tierischen Se-

[1]) Acad. des sciences, Bd. XIV, S. 3 (1904).

[2]) Adolf Jolles, Biochem. Zeitschr., Bd. XXIX (1910), S. 152; vgl. Bd. XXXII (1911), S. 97; Bd. XXXIV (1911), S. 242; Bd. XXXVI (1911), S. 389 und Monatshefte f. Chemie, 1911, S. 1.

kreten neben anderen flüchtigen Fettsäuren enthalten, so im Harn,[1]) in der Galle,[2]) in den Faeces.[3])

Die Propionsäure ist die erste Säure in der Fettsäurereihe, die fettähnliche Eigenschaften zeigt. Sie kommt im Saft des Fruchtfleisches von Gingko biloba vor.[4])

Buttersäure und Isobuttersäure — beide Strukturisomere, sind ölige Flüssigkeiten von unangenehm ranzigem Geruch — finden sich ebenfalls in der Natur, und zwar wurde die n-Säure außer in der Butter auch in anderen tierischen und pflanzlichen Fetten und in den Faeces[5]) nachgewiesen; die iso-Säure findet sich im Johannisbrot und in den Faeces.

Unter den Valeriansäuren begegnen wir in der Methyläthylessigsäure der ersten optisch aktiven Säure; sie kommt in einigen ätherischen Ölen vor.

Bei höherem C-Gehalt entspricht die Zahl der bekannten Säuren nicht mehr der Anzahl der möglichen Isomeren. Die Säuren mit normaler Struktur verdienen eine besondere Beachtung, da man ihnen häufig in der Natur begegnet. Während aber bis zur Caprinsäure hinauf Beobachtungen des Vorkommens in der Natur angeführt werden, sind von da aufwärts fast nur die Säuren mit gerader Anzahl von C-Atomen in Naturprodukten aufgefunden worden.

Die vorkommenden Fette und Fettsäuren sind mit verschwindenden Ausnahmen optisch inaktiv; bei der Eiweißfäulnis bilden sich z. B. optisch aktive Fettsäuren, da nach Emil Fischers aufklärenden Arbeiten am Aufbau der Proteine Aminosäuren beteiligt sind, die bei der Desamidierung dann häufig optisch aktive Säuren[6]) liefern.

Die niederen Glieder treten wahrscheinlich oft als Zersetzungsprodukte höherer Fettsäuren auf. So ist der ranzige Geruch und Geschmack verdorbener Fette auf die Bildung von

---

[1]) Thudichum, Zeitschr. f. physiol. Chemie, 1870, S. 918.
[2]) Dogiel, Zeitschr. f. Chemie, 1867, S. 509.
[3]) Brieger, Ber. Bd. X, S. 1028.
[4]) Bechamp, Compt. rend., Bd. LVIII, S. 135.
[5]) Brieger, Ber., Bd. X, S. 1028.
[6]) Neuberg, Biochem. Zeitschr., Bd. I, Heft 1, S. 369.

Oenanthsäure $C_7H_{14}O_2$ zurückzuführen.[1]) Bei dieser Zersetzung (Ranzigwerden) entstehen ferner Pelargonsäure, Capronsäure, Buttersäure, Caprinsäure, Caprylsäure, Ameisensäure. Der ranzige Geschmack ist vorwiegend den Aldehyden, aus welchen obige Säuren entstehen, zuzuschreiben, besonders dem Oenanth- und Pelargonaldehyd.

Über das physiologische Verhalten der Fettsäuren — abgesehen von Resorption und Nährwert — liegen wenige, aber übereinstimmende Angaben vor.

H. Meyer beobachtete toxische Wirkung der niedrigen Fettsäuren.[2]) Durch den Magen oder intravenös oder subkutan eingeführte Natriumsalze derselben erzeugen zuerst sensorielle, dann schwächere motorische Lähmung. Die Natriumsalze der Ameisen-, Propion-, Butter- und Valeriansäure rufen, subkutan verabreicht, Schlaf, Coma und die Begleiterscheinungen schon in Dosen hervor, in denen milchsaures Na und Kochsalz indifferent sind.

Foderà[3]) studierte den Einfluß der Carboxylgruppe auf die aliphatischen Verbindungen und fand, daß Eintritt derselben in eine Verbindung deren Toxizität erhöht und daß sie zerebrallähmende Wirkung ausübt.

II. Ungesättigte Fettsäuren: $C_nH_{2n-2}O_2$. (Siehe Tabelle II.)

Wichtig ist besonders die Ölsäurereihe durch die außerordentliche Verbreitung der Ölsäure selbst.

In den Pflanzen und im Fett der Landtiere findet sich fast immer Ölsäure, in den Tranen vielleicht eine der isomeren Säuren, die Physetölsäure.

Die Ölsäure wurde schon von Chevreuil untersucht, ihre Zusammensetzung als normale ungesättigte Verbindung von Gottlieb ermittelt,[4]) die Konstitution, bezw. der Ort der

---

[1]) Scala, Zentralblatt (1898), Bd. I, S. 439. — Derselbe, Gaz. chim. ital., 38, Bd. I, S. 307—327, oder Zentralblatt, 1908, Bd. I. S. 2086.

[2]) Arch. f. exp. Pathol. u. Pharm., Bd. XXI, S. 119.

[3]) Tierchemie, Bd. XXIV, S. 85.

[4]) Annalen, Bd. LVII, S. 38.

Doppelbindung wohl erst durch Baruch[1]) gefunden und durch die Arbeiten von Shukoff und Schestakoff bestätigt.[2])

Ihre Formel ist:

$$CH_3 - (CH_2)_7 - CH = CH - (CH_2)_7 - COOH.$$

Die Physetölsäure ist wenig untersucht, ihre Existenz sogar angezweifelt worden.[3]) Die sehr gut bekannten Isomeren, Isoölsäure und Elaidinsäure, kommen in der Natur nicht vor.

Bei ungesättigten Fettsäuren ist besonders ihre geringe chemische Stabilität hervorzuheben; wie alle ungesättigten Verbindungen sind sie durch Oxydationsmittel weit leichter angreifbar als gesättigte Körper. Und daraus, daß bei solchen Oxydationsprozessen Aldehyde und flüchtige niedere Fettsäuren entstehen können, erklärt es sich, wieso gerade ungesättigte Fettsäuren beziehungsweise deren Glyzeride so leicht die Erscheinung des Ranzigwerdens, d. h. die Entstehung unangenehm riechender und schmeckender flüchtiger Substanzen zeigen. Über den eigentlichen Mechanismus dieses Vorganges ist man noch nicht ganz im Klaren.

Jedenfalls ist er ziemlich komplizierter Natur, denn es kommen hierbei die in den natürlichen Fetten enthaltenen Fermente in Betracht, ferner die Wirkung von Luftfeuchtigkeit, Sauerstoff, eventuell Ozon und ganz besonders die des Lichtes; und aus den bisherigen Untersuchungen geht hervor, daß je nach den Bedingungen die Eigenschaften der ranzig gewordenen Fette differierten. Nach Boulez[4]) rührt das Ranzigwerden der Fette von ihrer Hydrolyse her. Nach P. Daletzky[5]) wirken

---

[1]) Ber., Bd. XXVII (1894), S. 172.

[2]) Journal f. pr. Chem., Bd. LXVII (1903), S. 414, vgl. Edmed, Soc. Bd. LXXIII (1898), S. 627 und Harries, Thieme, Annalen, Bd. CCCXLIII (1905), S. 333, 354; Ber., Bd. XXXIX (1906), S. 2844; Molinari, Ber., Bd. XXXIX (1906), S. 2737; Harries, Ber., Bd. XXXIX (1906), S. 3728, 3732.

[3]) Vielleicht $C_{16}H_{30}O_2$, vielleicht $C_{18}H_{34}O_2$; siehe Hofstädter, Annalen, Bd. XCI, (1854), S. 177; Lubarski, Journ. f. pr. Chem., [2] Bd. LVII (1898), S. 26; Bull, Ber., Bd. XXXIX, S. 3573.

[4]) Bull. soc. chim. Belgique, Bd. XIX, S. 253.

[5]) Inaug.-Dissert. 1903. Pharm. Labor. der kais. militär-med. Akademie in St. Petersburg.

Mangan- oder Eisensalze, die der Verfasser in Form der Stearinsäureoxydulsalze verwandte, beschleunigend auf die Oxydation der Fette, wobei die Mangan- oder Eisensalze als Überträger des atmosphärischen Sauerstoffes, also katalytisch wirken. Der Oxydationsprozeß erfolgt in den Fetten bei Anwesenheit von Fe augenscheinlich anders als bei der von Mn. In einzelnen Fällen ist es gelungen, aus belichteten Fetten, z. B. Schweineschmalz, durch Destillation mit Wasserdampf Produkte zu erhalten, welche Aldehydreaktionen gaben. Vgl. hierüber die Arbeiten von Kreis,[1]) Winckel,[2]) Nikitin,[3]) Orla Jensen,[4]) Laxa,[5]) Hanns,[6]) Fahrion,[7]) Ritsert,[8]) Scala[9]) und anderen, sowie die Zusammenstellung in König: «Chemie der menschlichen Nahrungs- und Genußmittel», Bd. II.

Infolge der Doppelbindung sind die Glieder der Ölsäurereihe befähigt, Halogene oder Sauerstoff aufzunehmen; bei höherer Temperatur wirkt sogar der Luftsauerstoff energisch ein. Ferner bedingt die Doppelbindung das Vorkommen von Stereoisomerie. So wird die Ölsäure durch salpetrige Säure in ihr Isomeres, die Elaidinsäure, umgelagert. Die Konfiguration ist wahrscheinlich:

$$\begin{array}{lcr} C_8H_{17} - CH & \qquad\qquad & C_8H_{17}CH \\ \quad\;\; \| & & \| \\ \quad\;\; CH - (CH_2)_7COOH & & COOH(CH_2)_7CH \\ \quad\;\; \text{Ölsäure} & & \text{Elaidinsäure} \end{array}$$

Ölsäure und Ölsäureverbindungen reduzieren Osmiumsäure OsO_4 unter Schwarzfärbung;[10]) andere Fettsäuren und

---

[1]) Verhandl. d. Naturforsch. Gesellsch. Basel, Bd. XV, S. 2.

[2]) Zeitschrift f. Untersuchung von Nahrungs- u. Genußmitteln, 1905, Bd. IX, S. 90.

[3]) Dissertation, St. Petersburg 1898.

[4]) Zentralbl. f. Bakteriologie II, 1900, Bd. 8, S. 11.

[5]) Arch. f. Hygiene, 1902, Bd. XLI, S. 119.

[6]) Zeitschrift f. Untersuchung von Nahrungs- u. Genußmitteln, 1900, Bd. III, S. 324.

[7]) Chem Ztg., 1893, Bd. XVII, S. 434.

[8]) Inaug.-Dissert. Berlin 1903.

[9]) Zeitschrift f. Untersuchung von Nahrungs- u. Genußmitteln, 1898, Bd. I, S. 418.

[10]) P. G. Unna und Colodetz, Monatsh. f. prakt. Dermatologie, Bd. 50, (1910).

Fette tun es nicht. (Gewisse Eiweißsubstanzen wie Protoplasma, Hornsubstanz nehmen Osmiumsäure unter Grünfärbung auf, durch nachträgliche Reduktion erfolgt Schwärzung.)

Ferner tritt bei verschiedenen Reaktionen eine Verschiebung der Doppelverbindung auf, die im vorliegenden Fall zur Isoölsäure führt.

Auch mit H_2SO_4 unter Druck oder mit Bisulfit bilden sich feste Isomere. Da die Fettsäuren der Linol- und Linolensäurereihe solche feste Isomere nicht liefern, ist hier ein gutes Mittel zur Unterscheidung gegeben.

Zum Nachweis der Struktur bedient man sich der Reduktion zu bekannten gesättigten Säuren oder der Abbaureaktionen. Die Zahl der Doppelbindungen findet man leicht durch die quantitative Bestimmung des addierten Jods oder Broms. Auch die Einführung von Hydroxylgruppen mittels alkalischer Permanganatlösung (wobei bei jeder doppelten Bindung je 2 OH-Gruppen eintreten) gibt sehr wertvolle Aufschlüsse. Der Ort der Doppelbindung konnte bisher mit Exaktheit meist nur für ungesättigte Säuren mit einer Lückenbindung bewiesen werden.

Es sei hier noch der neuen eleganten Abbaumethode in der Ölsäurereihe durch Ozonisierung in Kürze gedacht.[1] Löst man die Säure in Chloroform oder Tetrachlorkohlenstoff und behandelt sie mit ozonisiertem Sauerstoff, so entsteht ein Ozonid-Peroxyd, das beim Kochen mit Alkali zunächst in das normale Ozonid übergeht, z. B. bei der Ölsäure:

$$\underbrace{CH_3 \cdot (CH_2)_7 \cdot CH - CH(CH_2)_7}_{O_3} \cdot CO_2H + H_2O$$

$$\longrightarrow \underbrace{CH_3(CH_2)_7 \cdot CH - CH \cdot (CH_2)_7}_{O_3} \cdot CO_2H + H_2O_2$$

das jedoch schließlich bei weiterem Kochen folgende 4 Spaltungsprodukte liefert:

$$\begin{array}{lcl} \text{a) } CH_3(CH_2)_7CHO & & \text{b) } CH_3(CH_2)_7COOH \\ & \text{und} & \\ + \text{ d) } (CH_2)_7 = (COOH)_2 & & + \text{ c) } CHO \cdot (CH_2)_7 \cdot COOH \end{array}$$

Pelargonaldehyd (-säure), Azelainsäurehalbaldehyd (-säure)
a) b) c) d)

---

[1] Harries und Thieme, Ann., Bd. CCCXLIII (1905), S. 333, 354 und Ber., Bd. XXXIX, S. 2844 (1906); ferner Harries, Ber., Bd. XXXIX, S. 3728 (1906) und Ber., Bd. XXXIX, S. 3732 (1906).

III. Ungesättigte Säuren $C_nH_{2n-4}O_2$.

Die der Reihe $C_nH_{2n-4}O_2$ angehörenden Säuren kommen, obwohl weit verbreitet (besonders die Linolsäure, $C_{18}H_{32}O_2$), für die Nahrungsfette kaum in Betracht.

Nach Benedikt und Hazura kommt Linolsäure im Fett jeder Pflanze, aber nie in dem eines Landtieres vor;[1]) hingegen fand Kurbateff diese Säure auch im Fett des grauen und des weißen Hasen und in anderen Landtieren.[2])

Nach Versuchen von Kametaka ist die Eläomargarinsäure ein Stereoisomeres der Linolsäure (Chem. Zentr.-Bl.). Beilage IIb.

Linolensäure und Isolinolensäure $C_{18}H_{30}O_2$ sollen nach der — mit Vorsicht aufzunehmenden — Arbeit von J. Ballantyne Hannay überhaupt nicht existieren.[3]) Allerdings gelang es auch Reformatzky nicht, dieselben zu isolieren.

Die Säuren der Linol- und Linolensäurereihe absorbieren aus der Luft leicht Sauerstoff schon bei gewöhnlicher Temperatur und werden fest; doch ist die Natur der hierbei entstehenden Körper noch nicht ermittelt.

Bezüglich der Reduktion von ungesättigten Fettsäuren zu gesättigten Fettsäuren mittels kolloidaler Metalle der Platingruppe verweise ich auf die interessanten Arbeiten von Fokin (Zeitschr. f. Elektrochemie 1906, 749), Paal, Willstätter und Mayer (siehe Berichte 1908 und folgende). —

IV. Gesättigte Oxyfettsäuren.

In den Nahrungsfetten kommen Oxysäuren — wenigstens primär — nicht vor; aus anderen Fettsubstanzen konnte eine Reihe dieser Säuren isoliert werden. Vgl. Tabelle III.

Charakteristisch für Oxyfettsäuren mit hohem Molekulargewicht und mehreren Hydroxylgruppen ist die Bildung innerer, anhydridartiger Ester; so kennt man z. B. ein Dioxystearinsäureanhydrid von der Formel:

$$C_{17}H_{33}(OH)_2 \cdot CO \cdot O \cdot C_{17}H_{33}(OH) \cdot COOH.$$ [4])

[1]) Monatshefte, Bd. X, S. 353.

[2]) Journ. Russ. phys.-chem. Ges., Bd. XXIV, S. 26.

[3]) Proceedings Chem. Soc., Bd. XX, S. 58.

[4]) Grün, Ber., Bd. XLII, S. 3761.

Diese intramolekulare Veresterung, die auch bei hochmolekularen Oxysäuren mit 1 Hydroxylgruppe vorkommt, tritt schon bei längerem Erhitzen über den Schmelzpunkt ein. Leicht lassen sich diese Verbindungen herstellen, indem man durch Behandlung mit Chlorsulfonsäure den Hydroxylwasserstoff durch die Gruppe SO_3H ersetzt, die dann beim Erhitzen in wässeriger Lösung quantitativ abgespalten wird, während die kohlenstoffhaltigen Reste zusammentreten. Auf diesem Wege wurde erhalten: $C_{17}H_{32}(OSO_3H)COOH$, daraus

$$C_{17}H_{32}OH \cdot CO \cdot O \cdot C_{17}H_{32}COOH$$

und daraus Ricinolsäurelactid.

Auch wasserentziehende Agentien wie Essigsäureanhydrid begünstigen die Bildung anhydridartiger Ester von Oxysäuren.

Da im allgemeinen über die Struktur hochmolekularer Oxyfettsäuren wenig bekannt ist, so wissen wir auch von der Konstitution der natürlichen Dioxystearinsäure (im Ricinusöl), der Lanocerin- und der Lanopalminsäure (im Wollfett) und anderer so gut wie nichts.

C. Vorkommen der als chemische Individuen isolierten Glyzeride in der Natur.

Es ist schon darauf hingewiesen worden, daß früher angenommen wurde, beim Aufbau eines Neutralfettmoleküls sei stets nur eine bestimmte Fettsäure beteiligt. Neuere Untersuchungen ergaben, daß vielfach «gemischte» Glyzeride vorliegen, in denen ein Glyzerinmolekül mit 2 oder 3 verschiedenen Fettsäuremolekülen gepaart ist. So fanden Holde und Stange[1]) gemischte Glyzeride im Olivenöl, ferner in tierischen Fetten neben den einfachen Glyzeriden. Nach Hansen[2]) kommen im Hammel- und Rindertalg sicher gemischte Triglyzeride vor, die von Kreis und Hafner[3]) als Palmitodistearin erkannt wurden: $C_3H_5(C_{16}H_{31}O_2)\ (C_{18}H_{35}O_2)\ (C_{18}H_{35}O_2)$.

[1]) Ber. der Deutsch. chem. Ges., Bd. XXXIV, S. 2402—2408 und Bd. XXXV, S. 4306—4310.

[2]) Archiv f. Hygiene, Bd. XLII, S. 1—15.

[3]) Ber. d. Deutsch. chem. Ges., Bd. XXXVI, S. 2766—2773.

Daß diese Tatsache erst so spät entdeckt wurde, beruht darauf, daß die gemischten Triglyzeride sehr schwer zu reinigen sind und außerdem — was ihre Identifizierung sehr erschwert hat — oft einen doppelten Schmelzpunkt besitzen. Diese Erscheinung tritt auf, wenn man die Substanz in geschmolzenem Zustande in das Schmelzpunktröhrchen einführt, sie daselbst erstarren läßt und nunmehr den Schmelzpunkt bestimmt. Wahrscheinlich beruht dies darauf, daß die erstarrte Masse zunächst amorph ist, dann aber bei einer bestimmten Temperatur unter so bedeutender Wärmeentwicklung in den krystallinischen Zustand übergeht, daß ein Teil schmilzt und so eine Schmelztemperatur weit unter der wirklichen vortäuscht. Richtige Schmelzpunkte wurden erst erhalten, als man dies erkannt hatte und nur krystallisierte Substanz zur Bestimmung verwendete. Die Synthese dieser Körper ist insofern mit Schwierigkeiten verbunden, als bei ihrer Bildung Umlagerungen eintreten. Wenngleich die Angabe von Hansen,[1]) daß beim Umkrystallisieren des Palmitodistearins aus Amylalkohol bereits eine Umlagerung in Tripalmitin und Tristearin eintrete, von Kreis und Hafner[2]) bestritten wird, so haben diese Autoren doch ihrerseits beobachten können, daß bei der Einwirkung von Ölsäure auf Dipalmitin und Distearin beträchtliche Mengen von Tripalmitin, beziehungsweise Tristearin entstehen. Hieraus ergibt sich, daß bei der Isolierung der Triglyzeride aus den natürlichen Fetten mit der Möglichkeit eines gegenseitigen Austausches der Säurereste gerechnet werden muß.

Bei den gemischten Glyzeriden ist Isomerie möglich; das Oleodistearin kann z. B. entweder der Formel

$$\begin{array}{ll} & CH_2O - COC_{17}H_{33} \\ & | \\ \text{I.} & CHO - COC_{17}H_{35} \\ & | \\ & CH_2O - COC_{17}H_{35} \end{array} \quad \text{oder} \quad \begin{array}{ll} & CH_2O - COC_{17}H_{35} \\ & | \\ \text{II.} & CHO - COC_{17}H_{33} \\ & | \\ & CH_2O - COC_{17}H_{35} \end{array}$$

entsprechen.

---

[1]) Archiv für Hygiene, Bd. XLII, S. 1.

[2]) Ber., Bd. XXXVI (1903), S. 1123, 2766.

Tatsächlich sind bei einzelnen gemischten Glyzeriden Isomere aufgefunden worden, jedoch ist es bis jetzt nicht gelungen, die gegenseitige Stellung der Säurereste einwandfrei zu bestimmen.

Dieselben Isomerieverhältnisse finden sich bei den Mono- und Diglyzeriden. Zu den gemischten Triglyzeriden ist in gewisser Beziehung auch das Lecithin, oder richtiger gesagt, die Lecithine zu zählen. Näheres siehe im speziellen Kapitel.

D. Die Synthesen der Glyzeride.

I. Monoglyzeride.

Obzwar bisher in der Natur Monoglyzeride, d. h. Verbindungen von Glyzerin mit einem Säurerest, nicht aufgefunden wurden, so sind sie doch als Zwischenprodukte für die Synthese von Di- und Triglyzeriden, insbesondere der gemischten Typen, von Interesse, weshalb sie hier kurz angeführt seien.

Es sind von jedem Monoglyzerid zwei strukturisomere Formen möglich

CH_2OCOR	CH_2OH
$CHOH$	$CHOCOR$
CH_2OH	CH_2OH
α-Monoglyzerid	β-Monoglyzerid

Die Verbindungen des ersten Typus enthalten ein asymmetrisches Kohlenstoffatom, müssen demnach in optische Antipoden spaltbar sein.

Es sind also von jedem Monoglyzerid 4 isomere Formen vorauszusehen, eine symmetrische (β)-Verbindung, je ein d- und l-α-Monoglyzerid und das Racemat dieser beiden optischen Isomeren.

Die älteste Methode, nach welcher Monoglyzeride dargestellt wurden, beruht auf dem einfachsten Prinzip der Esterbildung: Erhitzen von Säure und Alkohol für sich allein oder unter Zusatz eines wasserabspaltenden Mittels.

Für die Monoglyzeride gestaltet sich der Reaktionsverlauf, wie folgt:

$$C_3H_5(OH)_3 + RCOOH = C_3H_5\overset{(OH)_2}{OCOR} + H_2O$$

Aus diesem Schema ist ersichtlich, daß, wie schon erwähnt, bei dieser Reaktion gleichzeitig α- und β-Monoglyzeride entstehen können.

Einheitliche Produkte erhält man, wenn man auf α-Monochlorhydrin ein fettsaures Salz, am besten das Kaliumsalz, einwirken läßt. Die Abspaltung von Chlorkalium geht meist bei Temperaturen bis 150° vor sich.

So erhielten Guth[1]) und Krafft[2]) unsymmetrische Monoglyzeride durch Einwirkung fettsaurer Salze auf α-Monochlorhydrin.

$$\begin{array}{l} CH_2Cl \\ CHOH + KOCOR = \\ CH_2Cl \end{array} \begin{array}{l} CH_2OCOR \\ CHOH + KCl \\ CH_2OH \end{array}$$

α-Glyzeride lassen sich nach dieser Methode bequem darstellen.

Eine dritte Methode beruht auf dem Abbau von höheren Glyzeriden. Dieser gelingt vermittelst der sogenannten «schwefelsauren Verseifung». Bis jetzt ist jedoch nur ein einziger Fall des stufenweisen Abbaues bekannt.

Die Reaktion verläuft nach Grün und Theimer (Ber. 40, S. 1792 [1907]) im Sinne des folgenden Schemas:

$$\begin{array}{l} CH_2Cl \\ CHO \cdot CO \cdot C_{17}H_{35} + H_2SO_4 = HCl + C_{17}H_{35}COOH + \\ CH_2OCO \cdot C_{17}H_{35} \end{array}$$

$$+ \begin{array}{l} CH_2Cl \\ | \\ CHO \cdot CO \cdot C_{17}H_{35} \\ | \\ CH_2O \cdot SO_2OH \end{array} + H_2O = \begin{array}{l} CH_2Cl \\ | \\ CHOCOC_{17}H_{35} + H_2SO_4 \\ | \\ CH_2OH \end{array}$$

---

[1]) Zeitschr. f. Biologie, 44. N. F., Bd. XXVI, I, S. 78; Chem. Zentralbl., 1903, Bd. I, S. 133.

[2]) Ber. d. d. chem. Ges., Bd. XXXVI, S. 4339 (1903).

$$= \begin{array}{l} CH_2OSO_2OH \\ | \\ CHOCOC_{17}H_{35} \\ | \\ CH_2OSO_2OH \end{array} \longrightarrow \begin{array}{l} CH_2OH \\ | \\ CHOCOC_{17}H_{35} \\ | \\ CH_2OH \end{array}$$

Zur Darstellung von β-Monoglyzeriden schlagen Grün und Weyrauch[1]) folgenden Weg ein, der vom αα-Dichlorhydrin ausgeht.

$$\begin{array}{l} CH_2Cl \\ | \\ CHOH \\ | \\ CH_2Cl \end{array} + ClCOR = HCl + \begin{array}{l} CH_2Cl \\ | \\ CHOCOR \\ | \\ CH_2Cl \end{array}$$

Um die so erhaltenen β-Acido-αα-Dichlorhydrine in die β-Monoglyzeride überzuführen, erhitzt man die Chlorhydrinester im trockenen Wasserstoffstrome mit Silbernitrit.

Es bilden sich zunächst die entsprechenden Salpetrigsäureester:

$$\begin{array}{l} CH_2Cl \\ | \\ CHOCOR \\ | \\ CH_2Cl \end{array} + 2\,AgNO_2 = 2AgCl + \begin{array}{l} CH_2ONO \\ | \\ CHOCOR \\ | \\ CH_2ONO \end{array}$$

Diese werden bekanntlich schon durch Wasser verseift. Die geringen Mengen Wasser, welche durch die Nebenreaktion — Reduktion der nitrosen Gase durch den Wasserstoff — gebildet werden, genügen bereits zur Verseifung der Nitrite.

$$\begin{array}{l} CH_2ONO \\ | \\ CHOCOR \\ | \\ CH_2ONO \end{array} + 2\,H_2O = 2\,HNO_2 + \begin{array}{l} CH_2OH \\ | \\ CHOCOR \\ | \\ CH_2OH \end{array}$$

Die dargestellten Monoglyzeride sind teils flüssige, schwach gefärbte Substanzen, teils weiche, weiße krystallinische Körper, die sich in den meisten organischen Lösungsmitteln leicht lösen. Die Schmelzpunkte liegen, wie zu erwarten war, höher als die der entsprechenden Di- und Triglyzeride, und höher als die der isomeren α-Monoglyzeride. Ein Verzeichnis der synthetisch dargestellten Monoglyzeride findet sich am Schlusse in Tabelle II, 1.

[1]) Ber., Bd. XLIII, S. 1288—91.

Diglyzeride.

a) Einfache Diglyzeride.

Für einfache Diglyzeride kommen je zwei Stellungsisomere in Betracht.

$$\begin{array}{lll} CH_2-OCOX & CH_2-OCOX & \text{wobei OCOX den Säurerest bedeutet.} \\ | & | & \\ CH\ -OCOX \text{ und} & CH\ -OH & \\ | & | & \\ CH_2-OH & CH_2-OCOX & \end{array}$$

Bei gemischten Diglyzeriden erhöht sich die Zahl der Stellungsisomeren auf 3, wie aus folgendem Schema ersichtlich ist:

$$\begin{array}{lll} CH-OCOX & CH-OCOY & CH-OCOX \\ | & | & | \\ CH-OCOY & CH-OCOX & CH-OH \\ | & | & | \\ CH-OH & CH-OH & CH-OCOY \end{array}$$

Sowohl die einfachen αβ-Diglyzeride als auch sämtliche gemischten Diglyzeride enthalten ein asymmetrisches Kohlenstoffatom.

Die einfachen Diglyzeride sind sowohl durch Synthese aus Fettsäuren und Glyzerin als auch durch partiellen Aufbau von Triglyzeriden darstellbar.

Die direkte Einwirkung von Glyzerin auf freie Fettsäuren, wie sie von Berthelot[1]) verwendet wurde, ist für die Synthese der Diglyzeride nicht sehr praktisch; ebenso ist das Verfahren von Krafft[2]) und Guth,[3]) welche das Glyzerin zunächst in das Dichlorhydrin oder Dibromhydrin verwandeln und dieses mit fettsauren Salzen umsetzen, etwas umständlich.

$$\begin{array}{lll} CH_2Cl & & CH_2OCOX \\ | & & | \\ CHOH + 2\,KOCOX & = & CHOH + 2\,KCl \\ | & & | \\ CH_2Cl & & CH_2OCOX \end{array}$$

Sehr bequem ist hingegen das Verfahren von Grün,[4]) welcher die Esterifikation mit Hilfe von Schwefelsäure vornimmt, wobei als Zwischenprodukte jedenfalls die Glycerinschwefelsäure auftritt.

---

[1]) Ann. chim. (3), Bd. XLI, S. 216 (1854).

[2]) Ber., Bd. XXXVI, S. 4339 (1903).

[3]) Ztschr. f. Biol., Bd. XLIV, N. F., Bd. XXVI, I, S. 78.

[4]) Ber., Bd. XXXVIII, S. 2284 (1905).

$$\begin{array}{l} CH_2OH \\ | \\ CHOH \\ | \\ CH_2OH \end{array} + 2\,H_2SO_4 = \begin{array}{l} CH_2OSO_3H \\ | \\ CHOH \\ | \\ CH_2OSO_3H \end{array} + 2\,H_2O$$

$$\begin{array}{l} CH_2OSO_3H \\ | \\ CHOH \\ | \\ CH_2OSO_3H \end{array} + 2\,HOCOX = \begin{array}{l} CH_2OCOX \\ | \\ CHOH \\ | \\ CH_2OCOX \end{array} + 2\,H_2SO_4$$

Die Ausführung geschieht derart, daß das Glyzerin in überschüssiger Schwefelsäure gelöst und dann die Fettsäure, ebenfalls in schwefelsaurer Lösung gelöst, hinzugefügt wird.

Für die Darstellung von αα-Diglyzeriden ist somit ein einfacher und billiger Weg gegeben, bei den αβ-Diglyzeriden ist hingegen der Aufbau nur über die entsprechenden αβ-Dihalogenhydrine möglich.

Durch Abbau, d. h. durch partielle Verseifung der Triglyzeride gelangt man, wie Grün und Corelli[1]) nachwiesen, zu den αβ-Derivaten, indem die endständigen Hydroxylgruppen leichter verseift werden als die mittelständige. (Dasselbe ist übrigens auch bei der Veresterung der Fall.)

Die Verseifung geschieht durch vorsichtiges Erwärmen des Triglyzerids mit Schwefelsäure.

$$\underset{\text{Tripalmitin.}}{\begin{array}{l} CH_2-OCOC_{15}H_{31} \\ | \\ CH-OCOC_{15}H_{31} \\ | \\ CH_2-OCOC_{15}H_{31} \end{array}} + H_2O = \underset{\text{Dipalmitin.}}{\begin{array}{l} CH_2OCOC_{15}H_{31} \\ | \\ CHOCOC_{15}H_{31} \\ | \\ CH_2OH \end{array}} + \underset{\text{Palmitinsäure.}}{C_{15}H_{31}COOH}$$

Auch hier sind höchstwahrscheinlich Schwefelsäureester als Zwischenprodukte der Reaktion anzunehmen.

In gewisser Analogie hierzu steht ein zweites Verfahren von Grün und Theimer,[2]) welches auf der Überführung von α-Chlorhydrin in den neutralen Ester und darauffolgendem Ersatz des α-Chlors durch Hydroxyl mittels Silbernitrit beruht.

---

[1]) Diss., Zürich 1909.

[2]) Ber., Bd. XLII, S. 3750 (1909).

$$\begin{array}{l} CH_2OH \\ | \\ CHOH \\ | \\ CH_2Cl \end{array} \longrightarrow \begin{array}{l} CH_2OCOX \\ | \\ CHOCOX \\ | \\ CH_2Cl \end{array} \longrightarrow \begin{array}{l} CH_2OCOX \\ | \\ CHOCOX \\ | \\ CH_2OH \end{array}$$

b) Gemischte Diglyzeride.

Zur Darstellung gemischter Diglyzeride geht man nach Grün und Skopnik vom α-Chlorhydrin aus. Dieses wird mittels des entsprechenden Fettsäurechlorids verestert und sodann das Chloratom mit Hilfe eines fettsauren Salzes durch einen weiteren Fettsäurerest ersetzt:

$$\begin{array}{l} CH_2OH \\ | \\ CHOH \\ | \\ CH_2Cl \end{array} + C_{11}H_{23}COCl = \begin{array}{l} CH_2OCOC_{11}H_{23} \\ | \\ CHOH \\ | \\ CH_2Cl \end{array} + HCl$$

Chlorhydrin + Laurylchlorid = Lauro-Chlorhydrin

$$\begin{array}{l} CH_2OCOC_{11}H_{23} \\ | \\ CHOH \\ | \\ CH_2Cl \end{array} + \begin{array}{c} C_{13}H_{27}COOK \\ \\ \text{Myristinsaures Kali} \end{array} \quad \begin{array}{l} CH_2OCOC_{11}H_{23} \\ | \\ CHOH \\ | \\ CH_2OCOC_{13}H_{27} \end{array}$$

α-Lauro-α-myristin.

Die synthetisch dargestellten Diglyzeride sind in Tabelle II 2a und II 2b enthalten.

Triglyzeride.

a) Einfache Triglyzeride.

Die klassische Berthelotsche Synthese[1]) der einfachen Triglyzeride durch Erhitzen von Fettsäuren mit Glyzerin erfuhr bezüglich ihrer praktischen Ausführung verschiedentliche Modifikationen durch Scheij[2]) Romburgh,[3]) Hundeshagen,[4]) Belucci[5]) u. a. m.

Für die Theorie dieser ungemein wichtigen Reaktion sind folgende Gesichtspunkte von Belang.

---

[1]) Ann. chim. (3), Bd. XLI, S. 216 (1854).
[2]) Rec., Bd. XVIII, S. 169 (1899).
[3]) C. R., Bd. XCIII, S. 847 (1881).
[4]) J. f. pr. Chem. (2), Bd. XXVIII, S. 219 (1883).
[5]) Ch. Zentralbl., 1911, Bd. I, S. 1349.

$$\begin{array}{l} CH_2OH \\ | \\ CHOH \\ | \\ CH_2OH \end{array} + 3\,XCOOH \rightleftarrows \begin{array}{l} CH_2OCOX \\ | \\ CHOCOX \\ | \\ CH_2OCOX \end{array} + 3\,H_2O$$

Die Reaktion ist, wie aus vorliegendem Schema ersichtlich, eine Esterifikation, bei der Wasser abgespalten wird. Das Wasser wirkt der Esterifikation entgegen, indem es sich mit dem Triglyzerid zu den Ausgangsmaterialien, Glyzerin und Säure, umsetzt. Es tritt also ein Gleichgewicht zwischen Glyzeridbildung und Verseifung ein und durch bloßes Erhitzen der Komponenten im geschlossenen Gefäß kann man nie über einen bestimmten Umsatz hinauskommen. Will man die Reaktion möglichst quantitativ durchführen, so muß man für die Entfernung des gebildeten Wassers sorgen, was man entweder durch fortwährendes Absaugen des Wasserdampfs oder durch Wegschaffung des Wassers mittels eines Gasstromes erzielen kann. Da man bei dieser Reaktion die Temperatur ziemlich hoch halten muß, um sie einigermaßen rasch zu vollenden, so empfiehlt sich die Anwendung eines Gases, das zu keiner Oxydation und Verfärbung des Fettes Anlaß gibt, z. B. der Kohlensäure.

Außer nach dieser Methode kann man die einfachen Triglyzeride auch aus Tribromhydrin und den Natrium- oder Silbersalzen der Fettsäuren synthetisieren[1]) und selbstverständlich auch nach allen Methoden erhalten, welche zu den gemischten Glyzeriden führen.

Die physikalichen Eigenschaften der einfachen sowie der gemischten Triglyzeride sind wenig differenziert. Daß die Schmelzpunkte innerhalb eines geringen Intervalls liegen, ist aus der Tabelle ersichtlich, ebenso sind die Unterschiede der Löslichkeiten nicht sehr groß, indem die Körper dieser Klasse in Wasser vollständig unlöslich, in organischen Lösungsmitteln meist leicht löslich sind.

Triglyzeride mit zwei verschiedenen Säureestern.

Die Synthese der zweifach gemischten Triglyzeride geht

---

[1]) Ztschr. f. Biol., Bd. XIV, S. 78; Arch. d. Pharm., Bd. CCXXXVIII, S. 267 (1900).

von den einfachen Diglyzeriden aus, deren Darstellung im betreffenden Kapitel auf S. 18 und 19 beschrieben ist.

Diese Diglyzeride werden mit dem Anhydrid oder Chlorid der zweiten Säure behandelt und ergeben so das gewünschte Triglyzerid, z. B.

$$\begin{array}{lcl} CH_2OCOX & & CH_2OCOX \\ | & & | \\ CHOH & + YCOCl = & CHOCOY + HCl \\ | & & | \\ CH_2OCOX & & CH_2OCOX \end{array}$$

Man kann auch von den Fettsäurestern des α-Chlorhydrins ausgehen und diese mit fettsauren Alkalien umsetzen.

$$\begin{array}{lcl} CH_2Cl & & CH_2OCOY \\ | & & | \\ CHOCOX & + YCOOK = & CHOCOX + KCl \\ | & & | \\ CH_2OCOX & & CH_2OCOX \end{array}$$

Es ist klar, daß durch Anwendung verschiedener einfacher oder auch gemischter Diglyzeride als Ausgangsmaterial die mannigfachsten Variationen vorgenommen werden können und daß die Methodik der Esterifikation des Glyzerins überhaupt noch verschiedener Modifikationen fähig ist.

Die zweifach gemischten Triglyzeride existieren in je zwei Stellungsisomeren; bei den unsymmetrischen, von der Formel

$$\begin{array}{l} CH_2OCOX \\ | \\ CHOCOX \\ | \\ CH_2OCOY, \end{array}$$

ist optische Aktivität zu erwarten.

Eine Übersicht der bisher dargestellten zweifach gemischten Triglyzeride findet sich in Tabelle II 3b.

Dreifach gemischte Triglyzeride.

Die Ausbildung der Methoden zur Synthese der Fette durch Grün und seine Mitarbeiter hat das Problem der Darstellung von Triglyzeriden mit beliebigen Substituenten in bestimmter Stellung prinzipiell gelöst. Es ist also jetzt möglich, jedes gewünschte Triglyzerid zu synthetisieren.

Bei der Darstellung geht man von den gemischten Diglyzeriden aus, in welche der dritte Säurerest mittels des entsprechenden Säurechlorids eingeführt wird, z. B.

$$\begin{array}{lcl} CH_2OH & & CH_2OCOZ \\ | & & | \\ CHOCOX + ZCOCl & = & CHOCOX + HCl \\ | & & | \\ CH_2OCOY & & CH_2OCOY \end{array}$$

Auf diese Weise wurden von Grün und Skopnik[1]) alle drei möglichen Stellungsisomeren des Stearolauromyristins dargestellt.

Hiermit wäre anscheinend das Problem der Fettsynthese erledigt, wenn nicht einerseits die Stereoisomerie und optische Aktivität eine experimentell noch nicht bemeisterte Aufgabe wäre und andererseits von fast allen exakten Forschern auf diesem Gebiete Beobachtungen über labile Modifikationen der meisten Glyzeride gemacht worden wären, aus denen hervorgeht, daß unsere Anschauungen über die Konstitution der Fette einer weiteren Verfeinerung bedürfen.

Die dreifach gemischten Triglyzeride existieren in je 3 Stellungsisomeren, die sämtlich ein asymmetrisches Kohlenstoffatom enthalten.

$$\begin{array}{lll} CH_2OCOX & CH_2OCOY & CH_2OCOX \\ | & | & | \\ {}^{*}CHOCOY & {}^{*}CHOCOX & {}^{*}CHOCOZ \\ | & | & | \\ CH_2OCOZ & CH_2OCOZ & CH_2OCOY \end{array}$$

Fettspaltung (außerhalb des tier. Organismus).

Die Spaltung der Fette ist viel eingehender untersucht als der Aufbau derselben.

1. Chemische Spaltung, Verseifung.

Die Fette werden durch Einwirkung von Alkalien, Erhitzen mit Erdalkalien, Bleioxyd, Zink, Mineralsäuren (bes. Salzsäure und Schwefelsäure), aromatischen Sulfosäuren, besonders Naphthalinsulfosäure[2]) und durch Wasserdampf (bei erhöhtem Druck) in Glyzerin und Fettsäuren bezw. fettsaure Salze (Seifen) zerlegt. Auch alkoholisches Ammoniak verseift Fette bei längerem Stehen.[3])

---

[1]) Diss., Zürich 1909.

[2]) Twitchell, Journ. Amer. Chem. Soc., 1899, Bd. XXII; ferner Patente: E.P. 4741 (1898), und D.R.P. 114449.

[3]) Rowney, Jahresber. 1855, S. 531.

Die verschiedenen Verfahren sind bekanntlich längst praktisch ausgearbeitet. Über die Theorie der Verseifung liegen zahlreiche Untersuchungen vor.

Die Verseifung durch Alkalien ist besonders eingehend von Henriques,[1]) Geitel[2]) und Lewkowitsch[3]) untersucht.

Nach Geitel und Lewkowitsch erfolgt die Verseifung stufenweise, d. h. das Triglyzerid wird zum Diglyzerid, dieses zum Monoglyzerid abgebaut, letzteres schließlich in Glyzerin und Fettsäuren zerlegt:[4])

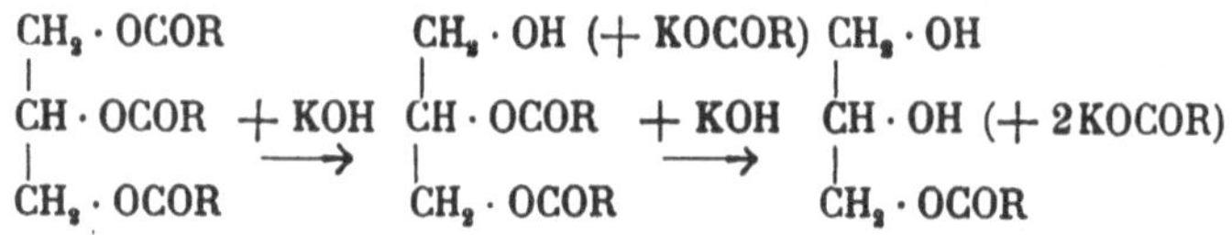

Balbiano erkennt den experimentellen Daten von Lewkowitsch keine Beweiskraft zu.[5])

Entgegen der von Geitel und Lewkowitsch vertretenen Annahme stufenweiser Verseifung — die übrigens schon früher Alder Wright[6]) vermutet hatte — tritt nach Balbianos Ansicht in alkoholischer Lösung der Fette Bildung von Äthylestern ein, welche durch weitere Hydrolyse in fettsaure Salze übergeführt werden.

$$C_3H_5(C_{18}H_{33}O_2)_3 + 2\,C_2H_5OH + 3\,KOH = C_3H_5(OH)_3 + 3\,C_{18}H_{33}O_2C_2H_5$$
$$+ 3\,KOH = C_3H_5(OH)_3 + 3\,C_{18}H_{33}O_2K + 3\,C_2H_5OH.$$ [7])

Er schließt aus seinen eigenen Versuchen, daß die Verseifung aller Acylreste eines Fettmoleküls gleichzeitig erfolgt, da er bei (sehr langer!) Einwirkung einer zur vollkommenen Verseifung nicht ausreichenden Alkalimenge auf Tribenzoin, Glyzerin und unverändertes Tribenzoin erhielt.

Lewkowitsch wies demgegenüber nach, daß bei solcher Versuchsanordnung die intermediär gebildeten Mono- und Diglyzeride — als leichter verseifbar — vollkommen abgebaut

---

[1]) Zeitschrift f. angew. Chemie, 1898, S. 696.
[2]) Journ. pr. Chem. (2), Bd. LV, S. 429.
[3]) Chem. Zentralblatt, 1899, Bd. L, S. 469.
[4]) Ber., Bd. XXXVI, S. 175.
[5]) Ibid., Bd. XXXVI, S. 1571.
[6]) Animal and vegetable fats and oils. London 1893, S. 10.
[7]) Henriques, Zeitschrift f. angew. Chemie, Bd. XIX, Heft 38.

werden mußten, bevor das unveränderte Tribenzoin gespalten werden konnte.[1])

Die Mono- und Diglyzeride sind ja auch in Wasser mehr oder minder löslich und werden also viel leichter angegriffen als das unlösliche und der Einwirkung keinen Angriffspunkt bietende Triglyzerid.

Daß die Verseifung tatsächlich stufenweise verläuft, hat Kremann[2]) bewiesen.

Die Verseifung in alkalischer Lösung verläuft bimolekular, in saurer Lösung monomolekular, da hier das Verseifungsmittel Wasser in großem Überschuß vorhanden ist (Wegscheider[3])); die Säuren wirken rein katalytisch. Die Geschwindigkeitskoeffizienten der Verseifung von Triglyzerid zu Diglyzerid, von Diglyzerid zu Monoglyzerid und von Monoglyzerid zu Glyzerin durch Wasser verhalten sich wie 3 : 2 : 1 und es kommen hierbei folgende 7 Reaktionen in Betracht:

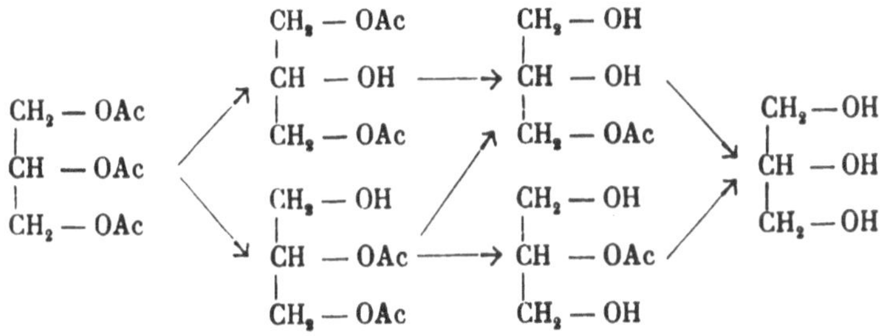

Die Fettspaltung durch verdünnte Säuren untersuchte insbesonders Geitel.[4])

Die Spaltung nach Twitchell durch Benzolsulfosäure, bei der «sulfofettaromatische» Zwischenprodukte entstehen sollen, ist wissenschaftlich wenig oder gar nicht geprüft worden.[5])

Bei der Verseifung durch Bleioxyd sollen sich nach Hannay Zwischenstufen folgender Art bilden:[6])

---

[1]) Ber., Bd. XXXVI, S. 3766. Vgl. Marcusson, Ber., Bd. XXXIX, S. 3466 (1906).

[2]) Monatshefte f. Chem. 1906, S. 607.

[3]) Ber. der Wiener Akad. d. Wissensch. 1907, Oktoberheft.

[4]) Journ. pr. Chem. (2), Bd. LVII, S. 113.

[5]) Augsburger Seifensieder-Ztg., Bd. XXX, S. 215.

[6]) J. Ballantyne Hannay, Proceed Chem. Soc., Bd. XX, S. 58.

z. B. aus Olein 1. $C_3H_5O_3 \equiv Pb \equiv (C_{18}H_{33}O_2)_2$

$$\downarrow + H_2O$$

2. $(C_{18}H_{33}O_2)_2 = Pb \cdot PbO.$

Diese Annahme ist vollständig unbewiesen.

Zur Theorie der Alkali-Verseifung sei noch erwähnt, daß Euler annimmt, die Ionisation der Fettsäureester erfolge nicht in gewöhnliche Säure-Anionen und Alkyl-Kationen, sondern in positive Acylionen:

$R - \overset{+}{C} = O$ und Alkoxyl-Anionen: $- \overline{O} - R.$[1])

Er schließt dies aus der Tatsache, daß die Hydrolyse der Fettsäureester parallel mit den Dissoziationskonstanten der Säuren ansteigt.

Eine ähnliche Anschauung entwickelte kürzlich Goldschmidt. Er erklärt dies merkwürdige Verhalten durch Annahme einer der Fettsäure tautomeren Acylbase:[2])

$$R - \overset{+}{C} \equiv O - OH$$
$$[\quad + \quad] \; [-]$$

Wirkliche Beweise für diese Auffassung sind allerdings noch nicht erbracht worden.

2. Der Ranziditätsprozeß.

Das Ranzigwerden der Fette, das sich in dem Auftreten eines schlechten Geruchs und Geschmacks und zumeist auch einer sauren Reaktion kundgibt, ist auf eine hydrolytische Spaltung der Fette zurückzuführen, mit der eine oxydative Veränderung der Spaltungsprodukte einhergeht.[3]) Dies kann man wohl als feststehend betrachten, wenn auch die endgiltige Aufklärung des Vorgangs trotz zahlreicher Untersuchungen[4])

---

[1]) Zeitschrift f. physikal. Chemie, Bd. XXXVI, S. 405.

[2]) Zeitschrift f. Elektrochemie, Bd. X, S. 221 (1904).

[3]) Duclaux, Annales de l'Institut Pasteur, 1887. — Geitel, Journal f. prakt. Chemie, 1897, S. 417.

[4]) Vgl. Ritsert, Untersuchungen über das Ranzigwerden der Fette, Berlin 1890. — Sigismund, Untersuchungen über die Ranzidität der Butter (Inaug.-Dissert., Halle 1893). — Lafar, Bakteriologische Studien

noch aussteht. Das Nebeneinanderlaufen mehrerer Reaktionen und die geringe, analytisch kaum faßbare Menge, in der die Träger der Geruchs- und Geschmacksqualitäten entstehen, lassen die experimentellen Schwierigkeiten erkennen.

Nötig für das Ranzigwerden ist der Zutritt von Luft und Feuchtigkeit, fördernd die Einwirkung von Licht. Die restlose Entfernung von Sauerstoff und Wasser aus Fetten ist schwer, und daraus erklärt sich das häufige Auftreten der Ranzidität auch bei Anwendung von Vorsichtsmaßregeln.

Die hydrolytische Spaltung des Fettes in seine Komponenten: Glyzerin und Fettsäuren, zieht das Auftreten einer sauren Reaktion nach sich. Die manchmal bedeutende Verzögerung dieser deutet daraufhin, daß die Hydrolyse sehr langsam verlaufen kann, wenn Katalysatoren, in erster Linie Enzyme, fehlen. Natürlich unterliegen leicht verseifbare Fette eher der Hydrolyse als andere.[1])

Der Abbau durch Oxydation führt zweifellos zu Aldehyden, Säuren, Alkoholen und Estern. Hervorzuheben sind hier die Arbeiten von Späth,[2]) Langbein,[3]) Schmid,[4]) Scala,[5]) Amthor,[6]) Reinmann[7]) und Marx.[8])

Ungesättigte Fettsäurekomponenten bedingen eine geringere Widerstandsfähigkeit des Glyzerids gegenüber dem Luftsauerstoff; sind doch im allgemeinen ungesättigte Verbindungen leichter oxydabel als gesättigte.

über die Butter, München 1895. — v. Klecki, Untersuchungen über das Ranzigwerden der Butter, Leipzig 1894. — Späth, Zeitschr. f. analyt. Chemie, 1896, S. 471. — A. Mjoën (Forschungsberichte über Lebensm. usw., 1897, S. 195). Siehe ferner die späteren Zitate.

[1]) Über den Einfluß der Gegenwart von Eiweißkörpern siehe unter Spaltung durch Fermente, Seite 30.

[2]) Späth, Zeitschr. f. analyt. Chemie, 1889, S. 491.

[3]) Langbein, Muspratts Chem., IV. Aufl., Bd. 3, S. 504.

[4]) Schmid, Zeitschr. f. analyt. Chemie, 1898, S. 30, 301.

[5]) Scala, Staz. Sperim. agr. ital., Bd. 30, S. 613; Chem.-Ztg., 1898, S. 466.

[6]) Amthor, Zeitschr. f. analyt. Chem., 1899, S. 10.

[7]) Reinmann, Zentralbl. f. Bakteriol., 1900, Bd. II, S. 6, 131, 166, 209.

[8]) Marx, Chem. Revue über d. Fett- u. Harz-Ind., 1898, S. 209.

Die Neigung zum Ranzigwerden schwankt nicht nur nach der chemischen Natur des Produktes, sondern auch nach seiner Herkunft und Reinheit. Es spielen eben, wie oben angedeutet, Fermente eine große Rolle.

Wie weit auch die Wirkung von Bakterien in Betracht kommt, ist noch nicht klar. C. Virchow und Gottstein stehen in dieser Frage mit ihren Ansichten in schroffem Gegensatze zu den Anhängern der rein chemischen Richtung: Ritsert, Späth, Reinmann u. a.

3. Spaltung durch Bakterien.

Bacillus fluorescens non liquefaciens soll die Glyzeride der Butter und weiterhin die freien Fettsäuren spalten.[1])

Ebenso sollen Mucor, Bac. fluoresc. liquef. und Oidium lactis fettspaltend wirken.[2])

Rahn[3]) fand durch Anhäufungsversuche in Wasser, Palm- oder Butterfett und ein wenig Erde zwei Bazillen (α und β), sowie vier Schimmelpilze, die Fett zu spalten vermögen.

Camus fand ein lipolytisches Ferment in Aspergillus,[4]) Gérard in Penicillium.[5])

Daß Fett beim «Schimmeln» gespalten wird, bestätigen Hanus und Stocký.[6])

Hingegen führt Duclaux, der in alten Käsen gespaltenes Fett fand, die Spaltung nur auf indirekte Bakterieneinwirkung zurück. Die Bakterien sollen aus Eiweiß Ammoniak produzieren und dieses erst die Fette verseifen.[7])

Laxa wies jedoch nach, daß Ammoniak nicht imstande ist, Butterfett zu zerlegen.[8])

---

[1]) Koneger, Zentralbl. f. Bakt., Bd. VII, S. 426.
[2]) Reimann, ibid., Bd. II, Abt. 6 (1900).
[3]) Zentralbl. f. Bakt., Bd. II, Abt. 15, S. 422—429.
[4]) Compt. rend. soc. biolog., Bd. XLIX, S. 192.
[5]) Compt. rend., Bd. CXXIV, S. 370.
[6]) Le lait 1887.
[7]) Zeitschrift f. Unters. von Nahrungs- u. Genußmitteln, 1900, S. 606.
[8]) Arch. f. Hyg., Bd. XLI, S. 119.

Schwartze und Kayser[1]) konnten aus Dittrichschen Pfröpfen mehrfach einen Staphylococcus pyogenes albus isolieren, der Fett spaltete.

Penicillium, Mucor und Bac. fluoresc. liquef. erzeugen fettspaltende Enzyme, weniger Saccharomyceten, ganz indifferent sind Milchsäurebakterien und Tyrotrixarten.

Schreiber wies nach, daß die lipolytische Funktion der bis jetzt untersuchten Bakterien und Schimmelpilze an deren Lebenstätigkeit gebunden ist.[2]) Nach Borri[3]) bedarf es keiner Mitwirkung bestimmter Mikroorganismen zur Verseifung in der Leiche.

Rubner nennt denn auch den Vorgang «Fettvergärung». Ganz reines Fett ist überhaupt kein Nährboden. Aerobe Bakterien können Fett bei Gegenwart von Sauerstoff und Nährstoffen nicht nur zerlegen, sondern auch ganz zerstören, besonders wenn das Fett emulgiert ist.[4]) Inwiefern bei der sogenannten oxydativen Spaltung der Fette[5]) und weiterhin der Fettsäuren[6]) doch auch Bakterien mitwirken, ist noch nicht sicher gestellt.

Die Erklärung von Hagemann (Verseifung durch Milchsäure) ist jedenfalls unrichtig.[7])

Daß auch die Fettzersetzung im Boden größtenteils auf die Tätigkeit von Mikroben zurückzuführen ist, hat endgiltig Rubner nachgewiesen.[8])

Natürlich kommt auch die chemische Beschaffenheit des Bodens sehr in Betracht, indem Basen zugegen sein müssen, um die abgespaltenen Fettsäuren zu binden. Der lufttrockene Boden zerstört auch ohne Zufuhr von Feuchtigkeit das Fett.

Das Fettwachs, welches sich so bildet, besteht vorwiegend

---

[1]) Zeitschrift f. klin. Mediz., Bd. LVI, S. 111—119.

[2]) Arch. f. Hyg., Bd., XLI, S. 328.

[3]) Sperimentale 1902, Heft 1.

[4]) S. auch Salkowski, Zeitschrift f. physiol. Chemie, Bd. XV, S. 321.

[5]) Scala, Tierchemie, Bd. XXVIII, S. 250.

[6]) Frank, Du Bois R. Arch., physiol. Abt., 1894, S. 50.

[7]) Tierchemie, Bd. XII, S. 32.

[8]) Arch. f. Hyg., Bd. XXXVIII, S. 67.

aus K-, NH_4-, Ca-Seifen.[1]) Schon vor den abschließenden Versuchen Rubners sind Salkowski, Sécretan,[2]) Ermann[3]) und Zillner[4]) für die Bildung des Leichenwachses aus dem Fett des Körpers eingetreten. Die früheren Erklärungen der Adipocirebildung (aus dem Muskeleiweiß,[5]) sogar aus sämtlichen Körperbestandteilen[6])) sind damit abgetan.

4. Spaltung durch Fermente.

Eine Klärung der Anschauungen über die Fettspaltung durch Bakterien konnte erst erfolgen, als durch die Isolierung von wirksamen Fermenten d. h. Katalysatoren aus tierischen und pflanzlichen Geweben der Beweis erbracht worden war, daß gewisse organische Substanzen — durchwegs Kolloide — Reaktionen herbeiführen können, die früher nur durch energisch wirkende Reagenzien, wie konzentrierte Schwefelsäure und dergleichen möglich waren. Als aber konstatiert war, daß Organismen verschiedener Art solche fettverseifende (lipolytische) Fermente enthalten, waren für die Fettspaltung durch die Mikroorganismen wichtige Anhaltspunkte gewonnen, da sie nunmehr auf die in den Bakterien enthaltenen, beziehungsweise von ihnen produzierten Fermente zurückgeführt werden konnte.

Zunächst wurde die fettspaltende Wirkung pflanzlicher Produkte aufgefunden.

Die lipolytische Wirkung von Pflanzensamen beobachteten zuerst Green[7]) und Sigmund.[8]) Fürth[9]) findet die Angaben Greens nicht bestätigt. Lewkowitsch[10]) beobachtete die Hydrolyse der Fette in vitro und Macloid mit Hilfe von Steapsin.

---

[1]) Salkowski, Tierchemie, Bd. XXI, S. 29.
[2]) Dissertation, Bern 1876.
[3]) Tierchemie, Bd. XII, S. 30.
[4]) Tierchemie, Bd. XV, S. 515.
[5]) Kratter, Zeitschrift f. Biol., Bd. XVI, S. 455.
[6]) Crells chem. Annalen 1792.
[7]) Proc. Royal Soc., Bd. XLVIII, S. 270 (1890).
[8]) Monatshefte, Bd. XI, S. 272.
[9]) Proc. Royal. Soc., Bd. XLVIII, S. 370.
[10]) Proc. Royal Soc., Bd. LII, S. 477, S. 31.

Sigmund fand, daß die Wirkung der Samen von Raps, Ricinus, Mohn, Lein, Mais, Hanf und Kürbis von Fermenten herrühren müsse. Er konstatierte auch Beziehungen zwischen fettspaltenden und glukosidspaltenden Fermenten, indem Myrosin und Emulsin fettspaltend wirken, während anderseits Raps-, Hanf- und Mohnsamenferment Glykoside, speziell Amygdalin und Salicin zu zerlegen vermögen.[1])

Ein bedeutender Fortschritt wurde von Connstein, Hoyer und Wartenberg erzielt.[2]) Sie fanden, daß eine weitgehende Fettzerlegung durch pflanzliche Fermente — besonders das des Ricinussamens — nur bei Gegenwart genügender Mengen freier Säure eintritt.

In einzelnen Fällen erzielten sie quantitative Spaltung der Ester höherer Fettsäuren, während die der flüchtigen Säuren sich als schwerer angreifbar erwiesen. Fokin[3]) widerspricht der Ansicht von Connstein, Hoyer und Wartenberg, daß das Ferment der Ricinussamen die Glyzeride der niedrigen Fettsäuren nicht spaltet, weil es nicht imstande ist, die feste Atombindung zu zerstören, dagegen die weniger feste Bindung der Alkohole und Säurereste bei den höheren Homologen zu lösen vermag. Nach Fokin wird die Vollständigkeit der Reaktion bestimmt durch die Eigenschaften der sich bildenden freien Säuren in bezug auf das Ferment und durch ihre Löslichkeit in Wasser. Mehrwertige Alkohole gehen mit Fettsäuren Verbindungen ein, die sich leicht spalten lassen, einwertige Alkohole scheinen Gift für das Ferment zu sein, und die Giftigkeit nimmt ab mit der Höhe der homologen Reihe. Mayer[4]) gibt an, daß das im Magen nicht immer zu findende fettspaltende Ferment nicht im Magen produziert werde, sondern aus dem Darm austretendes Steapsin des Pankreas sei, eine Behauptung, welche Volhard in der Diskussion scharf bekämpft.

Die erforderlichen Bedingungen sind außer der Gegenwart von Säure: gute Emulsion, geeignete Temperatur (nicht über 48°),

---

[1]) Monatshefte, Bd. XIII, S. 567.

[2]) Ber., Bd. XXXV, S. 3988.

[3]) Revue f. Harz- und Fett-Industrie, 1906.

[4]) Verhandl. d. Kongresses f. innere Medizin, Bd. XX, S. 290—300.

eine gewisse Zeitdauer, Abwesenheit von Fermentgiften, als da sind: Alkali, Alkohol, Seife, Formaldehyd, Sublimat usw.

Das Ferment des Ricinus wurde später (unrein) isoliert und näher untersucht.[1]) Leucin, Asparagin, sowie Glykokoll befördern die Fettspaltung durch das Cytoplasma, besonders bei Gegenwart von Essigsäure oder Kohlensäure (Urbain, Perruchon, Lauron),[2]) Fokin untersuchte 60 weitere Pflanzen und stellte bei der Hälfte derselben fettspaltende Wirkung der Samen fest.[3]) Die erreichte Spaltung mit Ricinus beträgt etwa 90%.

Fettspaltend wirken auch Abrin,[4]) Ricin und Myrosin[5]) und Emulsin.[6])

Der Wirkungsgrad ist in der angegebenen Reihenfolge absteigend. Dieterich beobachtete an nicht ausgeschmolzenen Talgen spontane Spaltung.[7]) Angeregt dadurch untersuchten Pastrovich und Ulzer die Einwirkung verschiedener Eiweißkörper auf Fett unter den verschiedensten Bedingungen und fanden eine minimale Zerlegung der Neutralfette.[8])

Hanriot entdeckte im Blut von Kaninchen ein fettspaltendes Ferment, welches er Lipase nannte.[9])

Dasselbe wurde darauf auch im Blutserum von Mensch, Hund, Pferd, Rind, Schaf und Aal gefunden.

Die Blutlipase tritt fötal im 6. Monat auf. Sie stammt nicht aus dem Pankreas[10]) und ist mit der Pankreaslipase nicht identisch.[11]) Die lipolytische Wirkung des Blutes verschiedener Tiere ist verschieden stark, wie aus folgender vergleichender Tabelle hervorgeht.

---

[1]) Hoyer, Ber., Bd. XXXVII, S. 1436.
[2]) Compt. rend., Bd. CXXXIX, S. 641—643.
[3]) Revue für Harz- u. Fett-Industrie, 1904.
[4]) Braun u. Behrend, Ber., Bd. XXXVI, S. 1142.
[5]) Dieselben, Ber., Bd. XXXVI, S. 1900.
[6]) Braun, Ber., Bd. XXXVI, S. 3003.
[7]) Chem. Revue, 1899, S. 168, 181, 201.
[8]) Ber., Bd. XXXVI, S. 209.
[9]) Compt. rend. soc. biol., Bd. XLVIII, S. 925.
[10]) Hanriot, Arch. de Physiol., Bd. XXX, S. 797.
[11]) Hanriot, Compt. rend. soc. biol., Bd. XLIX, S. 377.

Aal	155	Esel	16	Meerschwein	11
Ente	32	Pferd	14	Kaninchen	11
Hund	23	Mensch	12	Hammel	9

Nach Poulain enthalten auch die Lymphdrüsen des Mesenteriums und die peripheren Lymphdrüsen Lipase, im wesentlichen gleichviel.[1])

Hanriot hält die von Connstein und Michaelis[2]) studierte lipolytische Wirkung des Blutes für ganz verschieden von der durch seine Lipase erzeugten Wirkung. Erstere beruhe nur auf der Wirkung der Blutkörperchen, die eine vollständige Oxydation der Fette zu CO_2 und H_2O hervorrufen.[3])

Interessant ist die Arbeit von N. Sieber[4]) über die «Fettspaltung durch Lungengewebe». Es wurde gefunden, daß Lungengewebe sowohl natürliche als auch künstliche Fette zu spalten vermag, und zwar wurde dies an Monobutyrin, Tributyrin, buttersaurem Äthyl, Kuhbutter, Oliven- und Leinöl konstatiert. Die Ursache ist noch nicht ermittelt, da die Bedingungen sehr kompliziert sind und ein Zusammenhang zwischen gleichzeitig ablaufenden verschiedenen Prozessen und Reaktionen möglich ist. Auf verschiedene Fette wirkt dasselbe Lungengewebe verschieden intensiv. Am kräftigsten zersetzend wirkt die Schweinelunge; die Menschenlunge nimmt eine mittlere Stellung ein, doch zersetzt die kindliche Lunge größere Mengen natürlichen und künstlichen Fettes als die Lunge Erwachsener.

Von großer Bedeutung ist die Beobachtung Loewenharts, daß die Lipase auch Fett aus den Spaltstücken synthetisiert.[5]) Sie wird daher auch im Organismus eine derartige aufbauende und zerlegende, eine reversible Wirkung entfalten.

Über die Entstehung optisch aktiver Fettsäuren in der Natur berichtet Neuberg;[6]) nach ihm bilden sie sich zum größten Teil aus den durch Fäulnis und Autolyse entstehenden Eiweißspaltungsprodukten, aber auch aus inaktiven Fetten durch

[1]) Compt. rend. soc. biol., Bd. LIII, S. 642.
[2]) Pflügers Arch., Bd. LXIX, S. 76, u. Tierchemie, Bd. XXVI, S. 171.
[3]) Compt. rend., Bd. CXXIII, S. 831.
[4]) Ztschr. f. physiol. Chemie, Bd. LV, 2. Heft, S. 177.
[5]) Amer. Journ. Physiol., Bd. VI, S. 331.
[6]) Biochem. Ztschr., Bd. I, Heft 4.

langsame Oxydation und asymmetrische Spaltung durch leblose und belebte Fermente. So konnte er zeigen, daß das Triolein, das ja als ungesättigtes Produkt sehr leicht an der Luft Veränderungen erleidet, durch Sauerstoffanlagerung oder Wasseraufnahme an der doppelten Bindung in eine Verbindung mit mindestens einem asymmetrischen C übergeht. Durch fettspaltende Fermente wird es zur Hälfte verseift, wobei Glyzerin und aktive Säure frei werden, während Säure von entgegengesetztem Drehungsvermögen mit der anderen Hälfte des Glyzerins zu aktivem Glyzerid vereint bleibt. Derartig fettspaltende Fermente, sogenannte Lipasen, sind in der Natur außerordentlich verbreitet und finden sich sowohl im tierischen als auch im pflanzlichen Organismus; die halbseitige Verseifung durch Lipasen ist mehrfach beobachtet worden.

Die optische Aktivität mancher in der Natur vorkommenden Fette ist auf den, wenn auch geringen Gehalt an Lecithinen zurückzuführen.

Es wurde auch von Marcusson[1]) die Hypothese aufgestellt, daß die Quelle der optischen Aktivität in dem die Fette begleitenden Cholesterin und Isocholesterin zu suchen sei. So gelang es, das Drehungsvermögen von Wollfett auf die Anwesenheit von Cholesterin und Isocholesterin zurückzuführen.[2])

Wichtig für die Beurteilung der Fettbildung im Organismus ist die Beobachtung von Pottevin,[3]) wonach das Pankreasferment in derselben Richtung wirkt. So erhielt dieser Autor beim Zusammenbringen von Ölsäure, Glycerin und Pankreasferment die Glycerinester der Ölsäure, vom Mono- bis zum Triolein. Dieser Befund ist auch insofern wichtig, als er beweist, daß die Lipase auf das Fett rein katalytisch wirkt, denn für einen jeden Katalysator läßt sich theoretisch ableiten, daß er ebenso Reaktion als Gegenreaktion beschleunigen muß.

Die Lipogenese ist nur bei Vorhandensein von Glyzerin und freien Fettsäuren — nicht aber Seifen — möglich. Dieses

[1]) Asem. Reone, 12, Bd. I, 1905.

[2]) Neuberg, Biochem. Ztschr., Bd. I, Heft 1, S. 375.

[3]) Compt. rend., Bd. CXXXVIII, S. 378.

Verhalten läßt sich wohl so erklären, daß bei der Fettbildung aus Seifen und Glyzerin nach der Gleichung

$$3\,C_nH_{2n+1}COONa + C_3H_5(OH)_3 = C_3H_5(OCOC_nH_{2n+1})_3 + 3\,NaOH$$

sich freies Alkali bildet, und da diese Fermente zu ihrer Wirksamkeit eine schwachsaure Reaktion des Mediums benötigen, das freie Alkali die Fettsynthese verhindert.

Schließlich sei noch darauf hingewiesen, daß nach Versuchen von Hamsik (Zeitschr. f. phys. Chemie, Bd. LXV, 1910, S. 232) gallensaure Salze die Fettsynthese durch Lipase oder Pankreasferment beschleunigen.

Vorkommen der Fette.

Alle im Tier- und Menschenkörper vorkommenden Fette sind im lebenden Zustande des Individuums flüssig. Die Säugetiere mit hoher Körpertemperatur und die Vögel enthalten Fette, die erst knapp unter der Bluttemperatur schmelzen. Das Fett der Kaltblütler dagegen ist selbst bei niedrigen Temperaturen flüssig.

Über die chemische Zusammensetzung der natürlichen Fette ist folgendes zu sagen.

Bell hat zuerst in der Butter ein gemischtes Glyzerid vermutet: Oleobutyropalmitin[1]) Dasselbe wurde später von Blith und Robertson isoliert.

Daß das Butterfett reines Isooleopalmitocaprin sei, wurde von Johnstone allen Ernstes behauptet.[2])

Die bis jetzt isolierten in der Natur vorkommenden Glyzeride sind:

Diglyzeride.

Dierucin, F. 47°, isoliert aus Rüböl.[3])

Triglyzeride, einfach, gesättigt.

Triacetin, Sdp. 258—259°, isoliert aus dem Öl des Spindelbaumes.[4])
verschiedenen Fetten (Chevreul).

[1]) Ber., Bd. XXXVI, S. 1124 u. 2767.

[2]) Chem. News., Bd. LXIII, S. 56 (1891).

[3]) Reimer u. Will, Ber., Bd. XIX, 3322.

[4]) Schweizer, Jahresber. über d. Fortschritte d. Chem. 1851, S. 444.

	isoliert aus
Tributyrin, Sdp. 285°,[1])	Kuhbutter (Chevreul).
Triisovalerin,	Tran d. Delphins u. d. Meerschweinchens (Chevreul).
Trilaurin, F. 464°, [2])	Lorbeeröl: F. 45°.[3])
	Kokosfett.[4])
Trimyristin, F. 55° u. 49°, [5])	Muskatnuß: F. 55°.[6])
Tripalmitin, F. 63—65° u. 45°, [7])	Palmöl.[8])
	Stelling sebif.: F. 66,5°.[9])
	Menschenfett: F. 54,5°.[10])
	Hammel- u. Rindsfett: F. 52°.[11])
	Japanwachs, Myrtenwachs.[12])
Tristearin: F. 71,6° u. 55°, [13])	Brindic. indic. Samen: F. 55° u. 71,5°.[14])
	Hammeltalg: F. 55° u. 71°.[15])
	Oleum cacao.[16])

Triglyzeride, einfach, ungesättigt.

Triolein flüssig, [17]) isoliert aus natürlichen Ölen, vor allem Olivenöl.

---

[1]) Lebedeff, Zeitschrift für physiol. Chemie, Bd. VI, S. 150.

[2]) Krafft, Ber. 1903, S. 4343.

[3]) Marsson, Ann., Bd. XLI, S. 330.

[4]) Görgey, Ann., Bd. LXVI, S. 290.

[5]) Krafft, Ber. 1903, S. 4343; Playfair, Ann. XXXVII, S. 155; Scheij, Rec. 1869.

[6]) Masino, Ann., Bd. CCII, S. 173.

[7]) Berthelot, Les corps gras d'origine animal, Paris 1815; Partheil und Velsen, Archiv d. Pharm. 1900.

[8]) Stenhouse, Ann., Bd. XXXVI, S. 54.

[9]) Maskelyne, Jahresbericht 1855, S. 519.

[10]) Ferié, Dissertation, Bonn (Bern) 1903.

[11]) Hansen, Arch. f. Hyg., Bd. XLII, S. 1.

[12]) Chittinden u. Smith, Am. Journ. Chem., soc., Bd. VI, S. 218.

[13]) Heintz, Jahresber. 1854, S. 447; Berthelot l. c.; Scheij, Rec. 1869; Guth.

[14]) Bonis u. Pimentel.

[15]) Duffy, Quart. Journ. of the Chem. soc., Bd. V, S. 197; Heintz, J. pr. Ch., Bd. LV, S. 349.

[16]) Klimont, Monatshefte f. Chem., Bd. XXIII, S. 51, u. Berichte, Bd. XXXIV, S. 2636.

[17]) Berthelot, l. c., Guth, l. c.

Trierucin: F. 31°[1]) isoliert aus Kapuzinerkressenöl.[2])
Tririzinolein,[3]) » » Rizinusöl.

Triglyzeride, gemischt.

		isoliert aus
Palmitodistearin:	F. 62,5°,[4])	Rinds- u. Hammeltalg.[5])
Daturadistearin:	F. 66,2°,	Schweinefett.[6])
Stearodipalmitin:	F. 55°,[7])	Hammeltalg.[8])
		Enten- u. Gänsefett.[9])
Oleodipalmitin:	F. 42[10]) u. 37, 38[11])	» » »[10])
		Oleum stillingiae, Borneotalg.
		Kakaofett.[11])
Oleodistearin:	F. 44°,[11]) 42°[12])	Mkanyfett.[13])
		Kokosbutter.[14])
		Kakaofett.[15])
		Borneotalg, chin. Talg.[11])

Oleodidaturin?
Heptadekydistearin: F. 51,8 u. 66°, isoliert aus Schweinefett.[16])
? Oleodimargarin (!)[17]) isoliert aus Olivenöl.[17])

[1]) Reimer u. Will, Ber., Bd. XX, S. 2386.

[2]) Gadamer, Arch. f. Pharm. 1899, S. 472.

[3]) Juillard, Bull. de la soc. chim. 1895, S. 240; Meyer, Archiv f. Pharm. 1897, S. 184.

[4]) Kreis u. Hafner, Ber., Bd. XXXVI, S. 2767; Hansen, Arch. f. Hyg. 1902, S. 1.

[5]) Kreis u. Hafner, l. c.

[6]) Kreis u. Hafner, l. c.

[7]) Guth, l. c.

[8]) Hansen, Arch. f. Hyg., Bd. XLII, 1902, S. 1.

[9]) Klimont, Meisels, Monatshefte f. Chemie 1909.

[10]) Hansen l. c.

[11]) Klimont, Monatshefte f. Chem. 1904, S. 557; 1905, S. 161.

[12]) Kreis u. Hafner, l. c.

[13]) Henriques u. Kühne, Ber., Bd. XXXII, S. 387; Heise, Chem. Revue über die Fett- und Harzindustrie.

[14]) Heise, Arbeiten aus dem Kaiserl. Gesundheitsamt in Berlin, (1902), Bd. XVIII, S. 371.

[15]) Fritzweiler, Arbeiten aus d. Kaiserl. Gesundheitsamt in Berlin.

[16]) Kreis u. Hafner, l. c.

[17]) Holde u. Stange, Ber., Bd. XXXIV, S. 2402. Hier liegt aber wohl keine Margarinsäure, sondern ein Gemenge von Palmitinsäure und Stearinsäure vor!

Dioleostearin aus Menschenfett, flüssig[1])
Oleobutyropalmitin aus Butter[2])
Oleopalmitostearin » Hammeltalg: F. 42° [3])
» » ? Oleum cacao: F. 31,3° [4])
? Oleopalmitomyristin aus Oleum cacao: F. 25° [4])

Die in den Pflanzen vorkommenden Fette (natürlich die Öle inbegriffen) sind in großer Zahl eingehend untersucht, d. h. die Fettsäuren wurden ihrer Art und Menge nach bestimmt. Man nahm fast allgemein an, daß die Fettsäuren in Form ihrer Triglyzeride in den Fetten enthalten sind, bis erst in letzter Zeit für mehrere Fette der Nachweis erbracht wurde, daß sie hauptsächlich aus sogenannten gemischten Glyzeriden bestünden. Dasselbe gilt wahrscheinlich auch für die meisten übrigen Fette. Diese Arbeiten sind der Übersicht halber schon oben in einem eigenen Kapitel berücksichtigt worden (siehe Glyzeride).

Bezüglich des Vorkommens in Pflanzen siehe Tabelle IV.

Widersprechend sind die wenigen Angaben über das Fett der Bakterien. Toyosaku Nischimura erhielt aus Tuberkelbazillen (getrocknet) 5,08 % Ätherextrakt, bestehend aus Palmitin, Stearin und Olein,[5]) während de Schweinitz und Dorset 37 % Rohfett, hauptsächlich aus Palmitin bestehend, gefunden haben wollen.[6])

Eine aus Tuberkelfett isolierte Säure vom F. P. 102° bezeichnen die genannten «Forscher» als Arachinsäure!

Klebs fand in trockenen Tuberkeln ca. 22 % Fett.[7])

Levene[8]) erhielt aus gepulverten Tuberkelbazillen, die mit Alkohol und Benzol behandelt waren, einen gelben Extrakt, der gereinigt wie weißes Wachs aussieht. Die Zusammen-

[1]) Ferié, Dissertation, Bonn (Bern) 1903.
[2]) Blyth u. Robertson, Chemiker-Ztg. (1889), S. 162.
[3]) Hansen, Arch. f. Hyg., Bd. XLII, S. 2767.
[4]) Klimont, Monatshefte, Bd. XXIII, S. 51, u. Berichte, Bd. XXXIV, S. 2636.
[5]) Arch. f. Hygiene, Bd. XVIII, S. 318.
[6]) Journ. Amer. Chem. Soc., Bd. XVIII, S. 449.
[7]) Zentralblatt f. Bakt. Abt. 20, Bd. L, S. 488.
[8]) Journ. med. research, Bd. XII, (New Series VII), S. 205—213.

setzung scheint $C_{12}H_{24}O_3$ zu sein. Der Schmelzpunkt lag bei 55—60° C. Nach den gewöhnlichen Methoden war es unmöglich, das Produkt zu verseifen.

Kresling[1]) fand folgende Zusammensetzung des Fettes der Tuberkelbazillen: Freie Fettsäuren 14,38%, Neutralfette und Fettsäureester 77,35%, Lecithin 0,16%.

Gosio beobachtete, daß vibrio cholerae asiaticae Koch, in glykosehaltiger Peptonlösung kultiviert, Fettsäuren — besonders Essig- und Buttersäure — bildet, wobei die Zuckerzersetzung der Säurenbildung parallel läuft.[2])

Deycke Pascha und Reschad Bey[3]) konnten aus einer bei einem schweren Leprafall rein gezüchteten Streptatrixart ein bakterielles Fett isolieren und feststellen, daß es als wirksamen Bestandteil ein von ihnen «Nastin» genanntes Fett enthielt, welches sich als immunisierende Substanz gegen Lepra erwies. Obwohl das Nastin wachsähnliches Aussehen zeigt, konnte nachgewiesen werden, daß es ein echtes Fett, also ein Fettsäureester des Glyzerins ist. Es liegt nahe, daß die echte, parasitäre Form der Leprabazillen eine dem Nastin gleiche oder doch biologisch nahestehende Substanz enthält. Die Nastininjektion würde dann als eine aktive Immunisierung gegen dieselbe Fettsubstanz anzusehen sein.

Das Fett der Bierhefe enthält gleiche Teile Stearin- und Palmitinsäure und etwas Buttersäure, teils frei, teils an Glyzerin gebunden.[4])

Für die bisherigen Untersuchungen der Tierfette gilt auch das oben bei den pflanzlichen Fetten Gesagte, daß nämlich die Erforschung der eigentlichen Konstitution der Neutralfette bis in die letzte Zeit vernachlässigt wurde.

Was das qualitative und quantitative Vorkommen der verschiedenen Fettsäuren in den tierischen Fetten betrifft, so liegen darüber zahlreiche, erschöpfende Untersuchungen vor.

---

[1]) Archives des sciences biologiques de St. Pétersbourg, Bd. IX, S. 351—377.

[2]) Arch. f. Hygiene, Bd. XVII, S. 11.

[3]) Deutsche med. Wochenschrift 1907, Heft 3.

[4]) Gérard u. Darexy, Journ. Pharm. Chim. (6), Bd. V, S. 275.

Allerdings muß hier bemerkt werden, daß eine Anzahl älterer Arbeiten nicht ganz beweiskräftig ist, in denen die Fettsäuren nur durch Schmelzpunkt und Analyse nachgewiesen wurden. Da es oft nur schwer gelingt, geringe Verunreinigungen, die aber den Schmelzpunkt sehr beeinflussen, zu entfernen, und die Elementaranalyse wegen der ähnlichen Zusammensetzung der Fettsäuren oft keine Entscheidung zwischen zwei Homologen zuläßt, ist sicher eine Anahl älterer Arbeiten irrig. Sicherheit gab es auf diesem Gebiete erst, als es gelang, die Säuren durch chemische Charakterisierung, wie Bestimmung der Jodzahl, Acetylzahl, Darstellung der Amide, Amilide usw. genauer zu definieren. Beilage V.

Vor der Ausarbeitung der subtilen analytischen Methoden der späteren Fettchemie waren die bedeutenden Differenzen, sowohl in den Fetten untereinander verschiedener Tiere als auch im Fett der verschiedenen Organe einer und derselben Art, wenig bekannt.

Die Angaben von Chevreul bieten in dieser Beziehung[1]) so wenig wie die von Heintz.[2])

E. Schulze und Reinecke untersuchten das Fett von Hammel, Ochs und Schwein und kamen auf Grund ihrer Analysen zu der Ansicht, daß deren Zusammensetzung die gleiche sei.[3]) Wenn auch die Zahlen nach den vorgenommenen Elementaranalysen begreiflicherweise fast übereinstimmten, so ist doch die mangelnde Berücksichtigung der so auffälligen Verschiedenheit in der Konsistenz sehr merkwürdig.

Das Vorkommen von Ölsäure in den Knäueldrüsen und Talgdrüsen und in der basalen Hornschichte der menschlichen Haut läßt sich nach Unna und Golodetz[4]) nicht nur durch

[1]) Recherches sur les corps gras d'origine animale, Paris 1823.

[2]) Poggend, Annalen, Bd. LXXXIV, S. 211 u. 238; Bd. LXXXVII, S. 553; Bd. XCVIII, S. 579.

[3]) Annalen, Bd. CXLII, S. 191.

[4]) Unna u. Golodetz, Monatshefte f. prakt. Derm., Bd. LI (1910); vgl. dieselben, Biochem. Zeitschr., Bd. XX (1909), S. 489, 492 u. Monatshefte f. prakt. Derm., Bd. L (1910), S. 95 und Unna, «Weitere Versuche über die reduzierenden Heilmittel», Berlin, Großer 1890.

die Reduktion von Osmiumsäure,[1]) sondern auch durch die Oxydation von Rongalitweiß[2]) und von Chrysarobinpräparaten nachweisen. Die Oxydationsprodukte des Chrysarobins werden spektroskopisch festgestellt. Die Ölsäure wirkt oxydierend, indem sie Luftsauerstoff absorbiert und wieder abgibt. Die oxydierende Wirkung des Schweißes[3]) ist seinem Gehalt an Ölsäure zuzuschreiben.

Die Lipoide.

An die eigentlichen Fette, d. h. die Fettsäureglyzeride schließt sich im physikalischen und vor allem im biologischen Verhalten eine Reihe von Substanzen an, die als Lipoide, d. h. fettähnliche Stoffe bezeichnet werden. Die Bezeichnung weist schon darauf hin, daß wir es hier nicht mit einer chemisch scharf umgrenzten Körpergruppe zu tun haben, denn fettähnlich ist keine präzise Definition. Anderseits ist die Analogie in biologischer Beziehung zwischen Fetten und Lipoiden derart ausgeprägt, daß vom biologischen Standpunkt, d. h. insbesondere mit Rücksicht auf die Funktionen der Zellen, die Zusammenfassung der Lipoide in eine Gruppe nicht nur vollkommen gerechtfertigt erscheint, sondern sich auch für die Forschung als ein sehr wertvoller Wegweiser zur Auffindung wichtiger Resultate bewährt hat. Im Nachstehenden sollen also die bisher als physiologisch wichtig erkannten Lipoide besprochen werden, wobei ausdrücklich hervorgehoben sei, daß eine exakte chemische Systematik, wie sie etwa bei den eigentlichen Fetten derzeit durchgeführt ist, bei den Lipoiden noch in weiter Ferne liegt.

Dies rührt einerseits davon her, daß die physikalischen Eigenschaften der meisten Lipoide ihre Reindarstellung sehr erschweren — zum Teil besteht für die Einheitlichkeit der Sub-

---

[1]) Unna, «Die Funktion der Knäueldrüsen des Menschen», Berlin, Großer 1890.

[2]) Unna u. Golodetz, Monatshefte f. prakt. Derm., 1910, Bd. L, S. 451.

[3]) Unna u. Golodetz, Monatshefte f. prakt. Derm., 1910, Bd. L, S. 95

stanzen nicht einmal ein Wahrscheinlichkeitsbeweis — anderseits daher, daß synthetisch auf diesem Gebiet noch fast gar nichts gelungen ist. Es wäre jedoch verfehlt, wegen dieser Unsicherheit in chemischer Beziehung auf eine Beschreibung der Lipoide hier zu verzichten, denn ihre biologische Analogie mit den Fetten steht außer Zweifel und an Bedeutung für eine Anzahl wichtiger Zellfunktionen übertreffen sie diese weitaus. Es bleibt demnach nichts anderes übrig, als die Zuordnung zu den Lipoiden ausschließlich auf Grund des biologischen und physikalischen Verhaltens vorzunehmen und die Einteilung nach dem Vorkommen in der Natur und nach der empirischen Formel zu treffen.

Der Begriff Lipoide rührt von Overton[1]) her, der bei seinen grundlegenden Untersuchungen über Narkose erkannte, daß ein Narkotikum (Äther, Chloroform, Alkohol) um so stärker wirkt, je leichter es sich in gewissen fettähnlichen Stoffen löst, die in der Zellmembran enthalten sind. Zu diesen zählte er zunächst das Cholesterin und seine Derivate, dann bezog er auch Lecithin und fette Öle bedingungsweise ein. H. Meyer[2]) kam unabhängig von Overton zu ähnlichen Resultaten.

Viel allgemeiner formuliert Bang[3]) die Lipoide als «Verbindungen, die in organischen Lösungsmitteln wie Äther, Alkohol, Chloroform und Benzol löslich sind».

Es unterliegt keinem Zweifel, daß Overton den Kreis der Lipoide zu eng gezogen hat, aber die Definition Bangs ist in obiger Form entschieden zu unbestimmt, indem sie nicht nur Riech- und Farbstoffe, sondern auch aromatische Säuren, Phenole und zahlreiche andere organische Verbindungen einbezieht, die mit der Zellmembran nichts zu tun haben.

Entschieden vorzuziehen ist die von Bang an anderer Stelle gegebene Formulierung des Begriffs Lipoide «als Zellbestandteile, die durch Äther und ähnliche Lösungsmittel extrahiert werden können». Ein großer Vorzug

---

[1]) Overton, Studien über Narkose. Jena 1901.

[2]) Meyer, Archiv f. exp. Path. u. Pharm., Bd. XLII, S. 109 (1898).

[3]) Bang, Chemie und Biochemie der Lipoide. Wiesbaden 1911.

dieser Definition liegt darin, daß sie auch Bestandteile der Zellmembran umfaßt, deren Natur und deren Beziehung zu den Lipoiden noch im Unklaren liegt.

Die gemeinsamen Eigenschaften der Lipoide sind ihre Fettähnlichkeit und ihr Lösungsvermögen: Sie fühlen sich fett- oder wachsartig an, haben in der Regel einen niederen Schmelzpunkt und Narkotika wie Äther, Chloroform usw. werden von ihnen in gleichem Maße aufgenommen wie von Fetten. Sie sind in Wasser unlöslich, geben aber leicht Emulsionen von je nach den Bedingungen wechselnder Stabilität, haben also diesbezüglich Kolloideigenschaften.[1]) In organischen Lösungsmitteln sind sie löslich und verändern hierbei auch deren Lösungsvermögen für dritte Substanzen. — Über die Beziehungen zwischen Lipoidsubstanzen und Hämolysinen siehe Meyerstein[2]) und Ohkubo.[3])

Die Einteilung der Lipoide soll nach folgenden Hauptgruppen geschehen:

I. Wachsarten.
II. Cholesteringruppe.
III. Phosphatide.
IV. Zerebroside.

I. Die Wachsarten.

Unter Wachsarten versteht man allgemein die Ester der einwertigen höheren Alkohole. Jedoch ist zu bemerken, daß es sich aus Gründen chemischer und physiologischer Natur empfiehlt, die Cholesteringruppe auszuscheiden und gesondert zu behandeln. Als Wachsarten sind demnach die Fettsäureester einwertiger Alkohole mit langen offenen Ketten zu definieren.

Die Wachsarten sind feste, zuweilen allerdings niedrig schmelzende, weiße krystallinische Massen, die sich charakte-

---

[1]) Porges und Neubauer, Zeitschrift für Chemie der Kolloide, Bd. V, S. 193.

[2]) Arch. f. exp. Pathol., Bd. LXII, S. 258.

[3]) Zeitschrift f. Immunitätsforschung, Bd. I, 4, S. 428.

ristisch fettig anfühlen, in Wasser unlöslich, in den organischen Lösungsmitteln, insbesondere in der Wärme, löslich sind. —

Als Fettsäuren kommen in Betracht:

Palmitinsäure, Stearinsäure, Melissinsäure, Cerotinsäure, Coccerinsäure (s. Tab.).

Die Alkohole sind in Tabelle III 1 enthalten.

Die wichtigeren Wachsester sind in Tabelle III 2 enthalten.

Die Wachsarten sind im Pflanzenreich ungemein verbreitet; im Tierreich sind die wichtigsten Quellen der Walrat, das Wollwachs und das Bienenwachs.

Als zweiwertige Alkohole schließen sich an die Alkohole der Wachsarten der Coccerylalkohol $C_{30}H_{62}O_2$ (aus dem Cochenillewachs) und ein aus dem Carnaubawachs isolierter Alkohol von der Formel $C_{25}H_{32}O_2$ an. —

II. Cholesteringruppe.

Das Cholesterin wurde zuerst in den Gallensteinen aufgefunden, es ist jedoch ein konstanter Zellbestandteil und gehört zu den primären Bestandteilen der Zelle. Es wird in beinahe allen tierischen Flüssigkeiten gefunden, so in Blut, Lymphe, Sperma, Schweiß und Hauttalg, Galle, Darminhalt und Exkrementen, in Trans- und Exsudaten, sowie in Eiter, Zerebrospinalflüssigkeit, Zysteninhalt, Milch. Über den Gehalt einiger Organe an Cholesterin vgl. folgende Zahlen:[1]) Gehirn (corpus callosum, trocken) 15,2 %, Gesamthirn 2,34 %, Nervus Ichiadicus (trocken) 5,61 %, Nervengewebe 1,1 %, Lebergalle des Menschen (trocken) 5,9 %, Erythrocyten des Hundes (trocken) 6,54 %, Fett ca. 0,35 %, Muskel (trocken) 0,23 %, Niere (frisch) 0,32 %, Niere (trocken) 0,6—1,3 %, Frauenmilch 0,032 %, Eigelb 0,44 %, Karpfeneier 0,27 %, Samen des Rheinlachses 2,2 %, Haifischtran 4, 4—5, 3 %. Weiter wird Cholesterin gefunden: in Leber, Niere, Pankreas, Speicheldrüsen, Magendrüsen, Eierstöcken, Hoden, Nebennieren,

---

[1]) Cit. nach Windaus, Arch. d. Pharm., Bd. CCXLVI, 2. H., S. 117, 1908.

Knorpel und Knochen. Hierzu kommen die Cholesterinester, z. B. im Blutserum des Hundes, 0,12 bis 0,22 % (Liebreich). Die Ester sind auch im Wollfett, in den Haaren, Nägeln, Federn, Hufen und Hörnern gefunden worden.

In der frischen Niere fand Windaus[1]) 0,09—0,55 % Cholesterinester.

In pathologischen Fällen kommt Cholesterin oft in vermehrter Menge vor. Gallensteine enthalten bis 99 % Cholesterin. In Eiter, Tuberkelmasse, Auswurf und Geschwülsten findet es sich häufig reichlich. —

Das Cholesterin schmilzt bei 147°; es ist optisch aktiv und zwar linksdrehend:

in Ätherlösung — 31,12°
in Chloroformlösung — 36,61°.

Es ist im Vakuum unzersetzt sublimierbar und destillierbar und gegen Säuren und Alkalien recht beständig, dagegen wird es durch Oxydationsmittel und bei Belichtung sogar durch den Luftsauerstoff leicht verändert.

Charakteristisch ist die Krystallform des Hydrates aus wässerigem Alkohol, sowie die sehr schwer lösliche Verbindung mit Digitonin.[2])

Die Bruttoformel ist $C_{26}H_{44}O$; über die Konstitution steht folgendes fest: Der Sauerstoff ist als sekundäre Hydroxylgruppe enthalten; ferner kommt eine Doppelbindung vor. Dieser Umstand mit der Bruttoformel zusammengehalten ergibt mit großer Wahrscheinlichkeit die Anwesenheit von 4 gesättigten (hydrierten) Ringen. Es steht in Beziehung zur Abietinsäure,[3]) und wahrscheinlich auch zur Cholalsäure der Galle.

Als Alkohol ist das Cholesterin zur Esterbildung befähigt. —

Die Cholesterinester der höheren Fettsäuren besitzen physiologische Bedeutung und kommen im Organismus vor.

---

[1]) Windaus, Zeitschrift f. physiol. Chemie, Bd. LXV, S. 110, 1910.

[2]) Windaus, Ber. d. Deutsch. chem. Ges., Bd. XLII, S. 238 (1909).

[3]) Windaus und Stein, Ber., Bd. XXXVII, S. 699 (1904); vgl. auch Diels und Abderhalden, Ber., Bd. XXXVI, S. 3177 (1903), Bd. XXXVII, S. 3092 (1904), Bd. XXXIX, S. 1331 (1906).

Von diesen Estern kommen vor allem in Betracht: das Cholesteryloleat $C_{18}H_{33}OC_{26}H_{43}O$, weniger das Cholesterylpalmitat $C_{16}H_{31}OC_{26}H_{43}O$ und Cholesterylstearat $C_{18}H_{35}OC_{26}H_{43}O$; das letzte ist aber nicht mit Sicherheit im Organismus nachgewiesen Der Ort des hauptsächlichsten Auftretens der Ester ist das Blutserum, aus dem sie schon 1833 von Boudet, der ihnen den Namen Serolin gab, isoliert worden sind; doch hat sie erst Hürthle[1]) als Ester erkannt. Im Blute kommen sie gewöhnlich frei als solche vor, bei Karzinom mit Ascites in diesem an Euglobulin gebunden.[2])[3]) Synthetisch gewinnt man die Ester durch dreistündiges Erhitzen von Cholesterin mit der doppelten Menge der Fettsäure auf 200° (Hürthle). Das Cholesterin wird ebenso resorbiert wie seine Ölsäureester, trotzdem es um mehr als 100° höher schmilzt. Zur Cholesterinresorption ist die Anwesenheit von Fett nötig. —

Außer dem Cholesterin $C_{26}H_{44}O$ sind noch analoge Substanzen bekannt, obgleich betont werden muß, daß diese an Wichtigkeit gegen das eigentliche Cholesterin zurückstehen. Hierher gehören das Isocholesterin aus der Schafwolle,[5]) das vielleicht mit dem Phrenosterin[6]) aus dem Gehirn identisch ist, das Bombycesterin[7]) aus Seidenraupen, das Spongosterin aus Schwämmen.[8])

In den Exkrementen findet sich das Koprosterin, beim Pferd das Hippokoprosterin, deren chemische Beziehung zum eigentlichen Cholesterin noch nicht festgestellt ist.

Über den Aufbau des Cholesterins aus der Nahrung ist bisher nichts Sicheres bekannt.

Die physiologisch wichtigsten Substanzen der Cholesteringruppe sind in Tabelle IV zusammengestellt.

---

[1]) Hürthle, Zeitschrift f. physiol. Chemie, Bd. XXI, S. 331, 1895—96.
[2]) Wolff, Beitr. z. chem. Physiol. u. Pathol., Bd. V, S. 208, 1904.
[3]) Bang, Chemie und Biochemie der Lipoide, S. 24.
[4]) Klein, Chem. Zentralbl., 1911, Bd. I, S. 408.
[5]) E. Schulze, Ber., Bd. V, S. 1705 (1872); Bd. VI, S. 251, 1873.
[6]) Thudichum, Chemische Konstitution des Gehirns, 1901.
[7]) Menozzi, Moreschi, Ch. Zentralbl., 1910, Bd. I, S. 1494.
[8]) Henze, Zeitschrift f. physiol. Chemie, Bd. XLI, S. 109 (1904).

Die Umwandlungsprodukte des Cholesterins durch Oxydation, Reduktion, Anlagerung von Chlorwasserstoff usw., welche beim Studium der Konstitution des Cholesterins dargestellt wurden, können hier nicht besprochen werden, es sei diesbezüglich auf die Arbeiten von Diels und Abderhalden[1]) Windaus,[2]) J. Mauthner,[3]) J. Mauthner und Suida,[4]) Wislicenus und Moldenhauer und andere verwiesen.

III. Die Phosphatide.

Die Phosphatide sind in ihrer chemischen Natur insofern mit den eigentlichen Fetten verwandt, als sie Fettsäuren in Esterbindung mit Glyzerin enthalten. Doch enthalten die Phosphatide als weitere charakteristische Bestandteile Phosphor, woher ihr Name rührt, und Stickstoff.

Der Phosphor ist im Komplex der Glyzerinphosphorsäure enthalten, der Stickstoff als Cholin, wahrscheinlich sind aber auch andere Gruppen vorhanden.

Da die einzige gut studierte Verbindung das Lecithin oder besser die Lecithingruppe ist, so mögen die chemischen Tatsachen dort besprochen werden. Die Phosphatide bilden fettartige, weiße Massen; nur einige Glieder der Gruppe konnten in krystallisiertem Zustande erhalten werden, so daß die Einheitlichkeit nicht durchwegs sichergestellt ist. Als Einteilungsprinzip kann man nach Thudichum das Verhältnis von Stickstoff zu Phosphor benützen und nach dem Vorschlage von Fränkel zur weiteren Definition unterscheiden, ob nur gesättigte Fettsäuren vorhanden sind oder ob auch ungesättigte Reste vorkommen.

Nach Thudichum kann man folgende Gruppen aufstellen: 1. Monaminomonophosphatide (1 N : 1 P), 2. Diaminomonophosphatide (2 N : 1 P), 3. Diaminodiphosphatide (2 N : 2 P). Erlandsen hat weiter Monaminodiphosphatide (1 N : 2 P) gefunden,

---

[1]) Berichte, Bd. XXXVII, S. 3102 (1904); Bd. XXXIX, S. 884 (1906).
[2]) Berichte, Bd. XXXVI, S. 3754; Bd. XXXIX, S. 518 (1906).
[3]) Monatshefte für Chemie, 1894, 1896, 1903, 1904, 1906, 1907, 1908.
[4]) Monatshefte für Chemie, 1894, 1896, 1903.

Fränkel hat Triaminomonophosphatide (3 N : 1 P) und Triaminodiphosphatide (3 N : 2 P) dargestellt. Hierzu kommt Protagon, welches nach Cramer ein Dekaaminodiphosphatid (10 N : 2 P) ist und zudem S enthält. Andere ähnlich N- oder P-reiche Phosphatide sind von Thudichum in der Galle (4 N : 1 P) und Fränkel im Eidotter (8 N : 1 P) gefunden worden.

Nach Fränkel ergibt sich folgende Einteilung:

Die ungesättigten Phosphatide zerfallen in 1. Monaminomonophosphatide, 2. Monaminodiphosphatide und 3. Triaminodiphosphatide.

Unter den gesättigten Phosphatiden unterscheidet man die Gruppen:

1. Diaminomonophosphatide, 2. Triaminomonophosphatide, 3. Protagon.

a. Ungesättigte Phosphatide.

1. Monoaminophosphatide.

Lecithin.

Lecithin kann man als das wichtigste aller Lipoide bezeichnen, ist es doch im Tier- und Pflanzenkörper als ein weit verbreiteter Bestandteil nachgewiesen worden, dem sicherlich eine bedeutende Rolle im Haushalte des Organismus zukommt.

Vauquelin[1]) isolierte 1811 aus dem Gehirn durch Extraktion mit Alkohol ein phosphorhaltiges Fett und Gobley[2]) stellte 1847 als erster das Lecithin aus Eigelb durch Behandlung mit kochendem Äther und Alkohol dar und nannte die Verbindung Lecithin nach λέκιθος Eidotter.

Was die Methoden zur Gewinnung des Lecithins anbelangt, so hat sich das Verfahren von Hoppe-Seyler[3]): Extraktion mit Alkohol und Äther und Auffindung des Lecithins

[1]) Ann. du Mus. d'Histoire Nat., S. 212 (1811), und Schweiggers J., Bd. VIII, S. 430 (1813).

[2]) Compt. rend. de l'Acad. d. sc., Bd. XXI, S. 766 (1845); Bd. XXII. S. 464; Bd. XXIII, S. 654.

[3]) Mediz.-chem. Untersuchungen, 1866—71, S. 215.

durch Phosphorbestimmung in den vereinigten Auszügen nicht nur als nicht quantitativ, sondern direkt als unbrauchbar erwiesen, da Gemenge von Phosphatiden erhalten werden.

Eine Trennung der Phosphatide mittels Fraktionierung durch Aceton[1]) ist nach Bang[2]) keineswegs fehlerfrei, aber praktisch brauchbar. Der ätherische Extrakt wird durch Aceton in 2 Teile geschieden: einerseits in eine Lösung von Fett, Cholesterin, unbekannten Verbindungen, Lipochromen und eventuell Riechstoffen, anderseits hauptsächlich in die acetonunlöslichen Phosphatide und Tripalmitin.

Zuelzer trennt die Phosphatide vom Tripalmitin mit Alkohol; es gibt aber auch alkoholunlösliche Phosphatide! Was nun die Trennung der Phosphatide anbelangt, so hat sich die Fällung mit ($CdCl_2$) Cadmiumchlorid (Thudichum[3])) nicht bewährt.[4]) Erlandsen hat es wahrscheinlich gemacht, daß bei der Einwirkung von $CdCl_2$ eine Abspaltung von Fettsäuren stattfindet. Jedenfalls ist das Verfahren von Strecker (Zerlegung der $CdCl_2$-Verbindung mit H_2S und Entfernung der Salzsäure mit Ag_2O) und die Methode von Peter Bergell[5]) (Zerlegung des $CdCl_2$-Lecithins mit Ammonkarbonat wegen Zersetzung des Lecithins und Verunreinigung mit anderen Phosphatiden nicht zu empfehlen.[6])

Nach Bang steht zur Darstellung des reinen Lecithins nur Erlandsens Verfahren zur Verfügung, das auf einer auswählenden Extraktion gleich vom Anfang an beruht.

Äther entzieht, wie vielfach beobachtet wurde, dem Ausgangsmaterial nicht das ganze Lecithin, sondern erst eine Be-

---

[1]) Zuelzer, Zeitschrift f. physiol. Chemie, Bd. XXVII, S. 265 (1899).

[2]) Ivar Bang, Chemie und Biochemie der Lipoide, Wiesbaden 1911, S. 30.

[3]) Thudichum, Die chem. Konstitution des Gehirns, Tübingen 1901.

[4]) Heubner, Arch. f. exp. Path. u. Pharm., Bd. LIX, S. 420 (1908); MacLean, Zeitschrift f. physiol. Chemie, Bd. LIX, S. 223. Erlandsen, Undersögelser over Hjertets fosfatider, Kjobenhavn 1906; Zeitschrift f. physiol. Chemie, Bd. LI, S. 71.

[5]) Ber. d. Deutsch. chem. Ges., Bd. XXXIII, S. 2584 (1900).

[6]) Ivar Bang, Chemie u. Biochemie der Lipoide, Wiesbaden 1911.

handlung mit Alkohol vermag das gesamte Lecithin in Lösung zu bringen. Thudichum meint, daß der Alkohol durch Wasserabspaltung das Lecithin ätherlöslich macht; Hoppe-Seyler (s. o.) und Rubow[1]) nehmen an, daß das Lecithin durch Alkohol aus komplizierteren ätherunlöslichen Verbindungen abgeschieden wird. Erlandsen wies aber nach, daß die primär im Äther gelösten Phosphatide von den im Alkoholextrakt vorkommenden ganz verschieden sind. Das Ausgangsmaterial wird von Erlandsen möglichst zerkleinert und zunächst bei ca. 30° im Luftstrom, dann im Exsikkator im Vakuum und schließlich über Chlorcalcium bei ca. 40° entwässert. Bei Zimmertemperatur wird nun so lange mit Äther extrahiert, als noch irgend etwas in Lösung geht (beim Herzmuskel dauert diese Operation etwa 2 Monate). Der ätherische Auszug wird im Vakuum unter 40° eingedunstet und der zurückbleibende Syrup mit reinem Äther extrahiert, wobei ein kleiner anorganischer Rest zurückzubleiben pflegt. Die ätherische Lösung wird eingeengt und mit Aceton versetzt, so lange noch etwas fällt. In das Aceton gehen Fett, Cholesterin und geringe Mengen Phosphatide. Das Fällen mit Aceton und Lösen in Äther wiederholt man so oft, bis sich der Acetonrückstand klar und vollständig in Äther löst. Diese Lösung wird stark konzentriert und mit Alkohol versetzt und die erhaltene Lösung wieder so oft mit Aceton behandelt, bis eine in Alkohol und Äther völlig lösliche Fraktion resultiert, die dem Lecithin entspricht. Sie ist aber noch nicht rein, denn sie gibt mit Bleiacetat einen Niederschlag (reines Lecithin nicht!). Eine weitere Fraktionierung mit essigsaurem Blei wäre daher wohl am Platze, ist jedoch bisher nicht ausgeführt worden. Bang meint daher, daß das bis zum heutigen Tage dargestellte Lecithin nicht vollkommen rein war.

Röhmann empfiehlt,[2]) das durch Fraktionierung mit Aceton erhaltene Lecithin zur weiteren Reinigung in warmem absolutem Alkohol oder Essigäther zu lösen und durch Abkühlen

---

[1]) Rubow, Undersögelser over normale og fedtdegenerede Hjerdter, Kjobenhavn 1903; ferner Arch. f. exp. Path. u. Pharm., Bd. LII, S. 173 (1905).

[2]) E. Hepner u. F. Röhmann, Arch. f. d. ges. Physiol., Bd. LXXIII, S. 599 (1898).

wieder zur Abscheidung zu bringen. Über das Vorkommen des Lecithins läßt sich nicht viel Bestimmtes sagen, zumal wohl sehr häufig das Lecithin nicht von nahe verwandten Verbindungen unterschieden wurde. Besonders die älteren nach Hoppe-Seylers Methode ausgeführten Untersuchungen sind in dieser Beziehung unzuverlässig. Jedenfalls steht fest, daß Monoaminophosphatide («Lecithine») sich finden: in den Muskeln, im Gehirn, in der Leber,[1] im Blute[2] und zwar sowohl im Plasma als auch in den Blutkörperchen, in den Nerven, in der Lymphe, im Sperma, in den Leukozyten, im Thymus, in der Milch, im Eigelb[3] und in größter Verbreitung in den Pflanzensamen.[4]

Exakt wurde das Lecithin von Erlandsen, von Thierfelder und Stern und vielleicht auch von Baskoff nachgewiesen: im Herzmuskel und in den Extremitätenmuskeln (minimal), im Eigelb und in der Leber.

Thudichum[5] fand Lecithin im Gehirn, desgleichen viele andere Forscher, Fränkel[6] konnte es mittels der $CdCl_2$-Methode nicht isolieren, dagegen wies es Koch wieder in neuerer Zeit nach.[7] Barbieri[8] bezweifelt sogar die Existenz des Lecithins im Eigelb!

Der Lecithingehalt verschiedener Organe und Produkte ist wiederholt bestimmt worden, doch sind die Zahlen aus den oben angeführten Gründen mit größter Vorsicht aufzunehmen:

---

[1] Hammarsten, Bidrag till Känedomen om Gallan etc. Jubjudingsskrift, Upsala 1902.

[2] Manasse, Zeitschrift für physiol. Chemie, Bd. XIV, S. 437 (1890).

[3] Abderhalden, Physiologische Chemie, Berlin 1906, S. 124.

[4] E. Schulze und Winterstein, Zeitschrift f. physiol. Chemie, Bd. XL, S. 107 (1903—4).

[5] Thudichum, Die chemische Konstitution des Gehirns, Tübingen 1901.

[6] Fränkel, Biochemische Zeitschrift, Bd. XXIV, S. 268 (1910).

[7] Koch, Zeitschrift f. physiol. Chemie, Bd. XXXVI, S. 134 (1902).

[8] Barbieri, C. r. d. l'Acad. d. sc., Bd. CLI, S. 405.

Gehirn	11 %	Spermatozoen	1,5 %
Thymus	7,5 %	rote Blutkörperchen	0,7 %
Leber	2,2 %	Milch	0,1 %

Diese Werte sind von Bernard[1]) mitgeteilt worden.

Nach Heffter[2]) und Noël Paton[3]) enthält die Leber 2,1 %, nach Manasse das Blut 1,8 % Lecithin. Für Eidotter geben Manasse[4]) und Glikin[5]) 9,4 %; Serono und Palozzi[6]) 11,05—12,09 % an (?).

Nach Nerking[7]) enthalten

	Lecithol	Ovolecithin			Lecithin
	(Riedel)	Merck	Agfa	Billon	Kahlbaum
P	3,51 %	3,54 %	3,55 %	3,94 %	2,97 %
N	2,13 %	2,10 %	1,98 %	1,88 %	1,75 %

Gefunden wurden im Lecithin von

	Thudichum	Erlandsen	Thierfelder und Stern	Baskoff	Koch
P	4,00 %	3,95 %	3,95 %	4,00 %	3,79 %
N	1,81 %	1,79 %	1,79 %	1,95 %	1,8 %

Die von Erlandsen gefundenen Werte (3,95 % P und 1,79 % N) dürften die genauesten sein (die Mittelwerte aller obigen Analysen sind: 3,94 % P und 1,79 % N). Erlandsen fand die Formel $C_{48}H_{80}NPO_9$. Mercks Präparat scheint sehr unrein zu sein, noch mehr weicht Kahlbaums Präparat im P ab. Das Agfa-Lecithin ist nach der Bergellschen Methode aus Eigelb dargestellt und daher unzuverlässig. Das Billonsche Präparat nähert sich am meisten den richtigen Werten von P und N; ob es aber reines Lecithin darstellt, ist eine andere Frage!

---

[1]) Bernard, Apothekerzeitung, Bd. XVII, S. 186 (1902).

[2]) Heffter, Arch. f. exp. Path., Bd. XXVIII, S. 97 (1891).

[3]) Noël Paton, Jahresbericht für Tierchemie, Bd. XXVI, S. 45 (1896).

[4]) Manasse, Zeitschrift f. physiol. Chemie., Bd. XIV, S. 437 (1890).

[5]) Glikin, Biochem. Zeitschr., Bd. VII, S. 286 (1907).

[6]) Serono und Palozzi, Archiv d. farmacol. sperim. Bd. XI, S. 553—70.

[7]) Nerking, Hygien. Rundschau, Bd. XX, S. 116—18.

Eigenschaften. Lecithin ist eine wachsartige gelbliche Masse, die bei scharfem Trocknen fest und pulverisierbar wird (Hoppe-Seyler.[1])) Thudichum[2]) beschreibt ein Lecithin (regeneriert aus der $CdCl_2$-Verbindung), das in dünnen, weißen Blättchen von geringer Härte krystallisiert. Nach Gaubert[3]) bildet es «weiche» Krystalle, die eine Mittelstellung zwischen festen und flüssigen Krystallen einnehmen.

Lecithin färbt sich schon beim Stehen an der Luft dunkel, offenbar infolge einer Oxydation; hierbei nimmt die Jodzahl von 100,4 bis auf 29 ab.[4]) Beschleunigt wird dieser Vorgang durch Feuchtigkeit und Wärme.[5]) Beim Erhitzen über 70° tritt schnell Dunkelfärbung und saure Reaktion auf, während ein ganz trockenes Präparat sich erst oberhalb 100° zersetzt.[6])

Lecithin ist sehr leicht löslich in Alkohol (aus der konzentrierten Lösung durch Wasser gelatinös fällbar), Chloroform, Benzol, Tetrachlorkohlenstoff, Petroläther, Essigester; schwerer löslich in Äther, unlöslich in kaltem Aceton, während es sich in heißem Aceton leicht löst! Lecithin löst sich ferner in fetten Ölen und ist unlöslich in Methylazetat.

Es ist sehr hygroskopisch und wird daher an der Luft bald halbflüssig. Mit wenig Wasser quillt es auf, wobei unter dem Mikroskop schleimigölige Fäden, die Virchowschen «Myelinformen», sichtbar werden.

Bei Zusatz von mehr Wasser erhält man eine undurchsichtige kolloidale Lösung, die filtriert werden kann und aus der sich das Lecithin durch Salze zweiwertiger Kationen, nicht aber ein- oder dreiwertiger ausflocken läßt. Die Fällung bleibt aus, wenn schon Salze ein- oder dreiwertiger Kationen in der Lösung vorhanden sind.[7])

---

1) Hoppe-Seyler, Med. chem. Untersuchungen, H. 2, S. 215 (1867).

2) Die chem. Konstitution des Gehirns, Tübingen 1901.

3) Gaubert, C. r. d. l'Acad. d. sc., Bd. CLI, S. 532.

4) Ivar Bang, Chemie u. Biochemie d. Lipoide, Wiesbaden 1911.

5) Vgl. Borda und de Raczowsky, C. r. de l'Acad. d. sc., Bd. CXXXVI, S. 56.

6) Nach Thudichum wird Lecithin von kochendem Alkohol nur «anhydriert», nicht zersetzt.

7) W. Koch, Zeitschrift f. physiol. Chemie, Bd. XXXVII, S. 181.

Lecithin dreht die Ebene des polarisierten Lichtes nach rechts.[1]) Durch Erhitzen mit absolutem Alkohol erhielt Paul Mayer[2]) ein racemisches Lecithin und aus diesem mittels Lipase die linksdrehende Modifikation. Das von ihm verwendete Lecithin war aber ein Agfa-Präparat (siehe oben)!

Lecithin ist doppelbrechend.[3])

Reaktionen:

1. Zum Nachweis unter dem Mikroskop empfiehlt Loisel,[4]) das Präparat mit Formalin zu härten, mit Alaun zu beizen, dann mit Alkohol und Äther zu waschen und schließlich mit einem Farbstoff zu behandeln, der wohl Lecithin, nicht aber Fett färbt (Karmin, Gentianaviolett, Säurefuchsin, Methylgrün, Hämatoxylin).

2. Schwarzfärbung mit Osmiumsäure[5]); tritt aber auch bei Ölsäure und den Glyzeriden ungesättigter Säuren auf.

3. Die «Oleo-Chloridreaktion». Setzt man zu einer Lösung von Lecithin in Vitriolöl, die gelblich gefärbt ist, dicken Rohrzuckersyrup, so tritt bald eine tiefe Purpurfarbe auf. Raspail hat diese Probe für Lecithin empfohlen. Hauptsächlich dient sie aber als «Pettenkofersche Reaktion» zum Nachweis von Gallensäuren.

Salze und Doppelverbindungen.

Lecithin ist eine quaternäre Ammoniumbase und gibt daher mit Säuren Salze. Der Verbindung mit Salzsäure schreibt Thudichum die Formel $C_{43}H_{84}NPO_8 + HCl$ zu. Lecithin ist zugleich ein saurer Ester und geht daher auch mit Basen Verbindungen ein. So erwähnt Thudichum eine krystallisierte Verbindung mit Kali und eine mit Silberoxyd. Ferner bildet Lecithin viele Doppelsalze.

---

[1]) C. Ulpiani, Atti dell' Acad. di Lincei Roma (5), 10, d. 368, 421 (1901).

[2]) Paul Mayer, Biochem. Zeitschrift, Bd. I, S. 39 (1906).

[3]) Über die Verwendung dieser Eigenschaft zum Nachweis von Lecithin in Geweben siehe Schipiloff u. Danilewsky, Zeitschrift f. physiol. Chemie, Bd. V, S. 349 (1881); Stassano u. Billon, Compt. rend. S. d. B., Bd. LV, S. 924, und P. Mulon, C. r. S. d. B., Bd. LV, S. 82.

[4]) Loisel, Compt. rend. S. d. B., Bd. LV, S. 703 (1903).

[5]) A. Cahn, Zeitschrift f. physiol. Chemie, S. 215, 222 (1881).

Das NaCl-Lecithin[1]) ist löslich in Äther, unlöslich in Alkohol und in Aceton. Es könnte vielleicht bessere Dienste zur Reindarstellung von Lecithin leisten als die

Cadmiumchlorid-Verbindung.[2])

Sie wird in alkoholischer Lösung dargestellt, hat nach Ulpiani ein Drehungsvermögen von $[\alpha]_D = + 11,4$, krystallisiert nach Lüdeke[3]) aus einer Mischung von 2 Teilen Essigester und 1 Teil 80%igen Alkohols in weißen Nädelchen und hat nach Bergell[4]) keine konstante Zusammensetzung. Erlandsen analysierte reines Lecithin (aus Herzmuskel) und die daraus gewonnene $CdCl_2$-Verbindung. Er konstatierte, daß die Werte für N und P der modifizierten Streckerschen Formel $C_{43}H_{80}NPO_9 \cdot CdCl_2$ entsprechen, der Gehalt an C und H bedeutend niedriger, an Cd und Cl viel höher ist. Vielleicht werden bei der Einwirkung von $CdCl_2$ Fettsäuren aus dem Lecithin abgespalten.

Die $CdCl_2$-Verbindung ist nicht nur löslich in einem Gemisch von Essigäther und Alkohol (s. o.), sondern auch in Benzol und in einem Gemisch von Schwefelkohlenstoff und Äther oder Alkohol; schwer löslich in Äther und in Alkohol.

Das Platindoppelsalz[5]) enthält 1 Mol. $PtCl_4$ auf 2 Mol. Lecithin. Es wird in alkoholischer Lösung dargestellt. Es ist ein hellbraunes, hygroskopisches Pulver, das bei 151—154° schmilzt und sich nicht aus Wasser umkrystallisieren läßt. Bedeutung kommt diesen Angaben kaum zu, da Gilson[6]) schon 1888 behauptete, daß $PtCl_4$ eine Zersetzung bewirkt, so daß stets eine Verunreinigung des Chloroplatinats mit Cholinplatinat vorliege.

Molybdänverbindung[7]). Beim Fällen einer alkoholischen

---

[1]) Bing, Undersögelser over reducerende Substanser i blodet, Kjobenhavn 1899, und Scand. Arch. f. Physiol., Bd. XI, S. 166 (1901).

[2]) Strecker, Ann. d. Chemie u. Pharm., Bd. CXXIII, S. 359 (1862). Ulpiani, Jahresber. f. Tierchem., Bd. XXXII, S. 63 (1902).

[3]) Lüdeke, Dissertation, München 1905.

[4]) Bergell, Ber. d. Deutsch. chem. Ges., Bd. XXXIII, S. 2584 (1900).

[5]) Strecker (l. c.).

[6]) Gilson, Zeitschrift f. physiol. Chemie, Bd. XII, S. 585 (1888).

[7]) Ehrenfeld, Zeitschrift f. physiol. Chemie, Bd. LVI, S. 89 (1908).

Lecithinlösung mit salpetersaurer alkoholischer Ammonmolybdatlösung entstehen 2 Verbindungen: 1 Lec. + 2 MoO_3 und 3 Lec. + 10 MoO_3; beim Fällen mit wässeriger Ammonmolybdatlösung die Verbindungen: 5 ($[NH_4]_6Mo_7O_{24}$) + 1 Lec.

Die Sublimatverbindung[1]) ist ätherlöslich, aber alkoholunlöslich. $CaCl_2$- und $MgCl_2$-Verbindungen hat Nerking[2]) studiert. Lecithin soll präformiert auch anorganische Stoffe enthalten.

In der Literatur findet man ferner Verbindungen von Lecithin mit Glukosiden (Bing[3])), mit Alkaloiden (Bing), mit Toxinen wie Kobragift (Kyes[4])) und Bienengift (Morgenrot und Carpi[5])), mit Enzymen, Farbstoffen (Overton[6])), mit Kohlenhydraten (Bing), Cholesterin und mit Eiweißkörpern. Die Existenz aller dieser Substanzen ist mehr oder weniger hypothetisch. Die Lecithin-Glukose[7]) wird beim Eindunsten einer alkoholischen Lösung von Lecithin und Glukose erhalten. Sie ist vielleicht eine leicht dissoziierbare Verbindung, deren Zusammensetzung vom Konzentrationsverhältnis der Komponenten abhängt, vielleicht auch nur eine Adsorption von Glukose in Lecithin. (Über Lecithinglukose im Organismus siehe Untersuchungen von Bing[3])). Eine Verbindung mit Chinin soll gegen Licht und Wärme beständig sein.[8])

---

[1]) Bing (l. c.).

[2]) Nerking, Biochem. Zeitschr., Bd. XXIII, S. 262 (1909).

[3]) Bing, Undersögelser over reducerende Substanser i blodet Kjobenhavn 1899.

[4]) Kyes, Berl. klin. Wochenschr., 1903; Biochem. Zeitschr., Bd. IV, S. 99 (1907).

[5]) Morgenroth u. Carpi, Berl. klin. Wochenschr., 1906; Biochem. Zeitschr., Bd. IV, S. 248 (1907).

[6]) Overton, Jahrbücher für wissenschaftl. Botanik, Bd. XXXIV, S. 669 (1900).

[7]) Bing, l. c.; vgl. Manasse, Zeitschr. f. physiol. Chem., Bd. XX, S. 478, und Henriques, Zeitschr. f. physiol. Chem., Bd. XXIII, S. 244.

[8]) Sicco, Med. chem. Institut F. G. Sauer: «Verfahren zum Haltbarmachen von aus tierischen Organen frisch bereitetem Lecithin».

Spaltung des Lecithins.

Säuren und noch viel leichter Alkalien führen eine Spaltung des Lecithins herbei. Schon eine Alkalikonzentration von 1 ‰ genügt, um eine vollständige Zersetzung zu veranlassen. Schwefelsäure, die sehr langsam einwirkt, läßt geringe Mengen von Glyzerinphosphorsäure, Distearylglyzerinphosphorsäure und ziemlich viel freie Phosphorsäure entstehen. Durch Alkali werden Fettsäuren, Glyzerinphosphorsäure (in Form der entsprechenden Salze) und Cholin gebildet. Die Spaltung durch Alkali gewährte schon früh Einblick in die Konstitution des Lecithins.

Von den Fettsäuren fand Diakonow[1]) nur Stearinsäure, Strecker[2]) dagegen Ölsäure, «Margarinsäure» (jetzt wohl nur als ein Gemenge von Palmitinsäure und Stearinsäure aufzufassen) und wenig Stearinsäure, Henriques und Hansen,[3]) Cousin[4]) und Erlandsen[5]) (l. c.) auch noch andere ungesättigte Fettsäuren als Ölsäure. Cousin wies Linolsäure, Erlandsen Linolensäure (?) nach. Jedenfalls beweist die leichte Oxydation des Lecithins an der Luft und vor allem die Addition von Brom und Jod das Vorhandensein von ungesättigten Säuren überhaupt; welche es sind, steht eben noch nicht fest. Von gesättigten Fettsäuren ist wohl mit Sicherheit Stearinsäure anzunehmen, doch wurde wiederholt auch Palmitinsäure aufgefunden.[6]) Serono und Palozzi[7]) behaupten sogar, daß das Lecithin des Eidotters fast ausschließlich Palmitinsäure und Ölsäure enthält. Zur Illustrierung seien die Jodzahlen der ungesättigten Säuren neben den beim Lecithin gefundenen angeführt.

Gemisch sämtlicher Fettsäuren des Lecithins:

---

[1]) Diakonow (l. c.).

[2]) Strecker (l. c.).

[3]) Henriques u. Hansen, Skandin. Arch. f. Physiol., Bd. XIV, S. 390 (1903).

[4]) Cousin, Compt. rend., Bd. CXXXVII, S. 68.

[5]) Erlandsen (l. c.).

[6]) Strecker (l. c.).

[7]) Serono u. Palozzi, Chem. Zentralblatt, 1911, Bd. II, S. 772.

Thudichum:	Cousin:	Erlandsen:	Thierfelder u. Stern:
96—102	130—150	110	48,7
(Gehirn)		Minimalwert	(Eigelb)

Baskoff:
63
(Leber).

Gemisch der flüssigen Fettsäuren aus dem Lecithin 154 (Thudichum). Lecithin selbst hat die Jodzahl 100,4; Linolsäure 181; Ölsäure 90; Linolensäure 274.

Angesichts dieser abweichenden Resultate, die eben bei verschiedenen Präparaten gefunden wurden, steht es nicht fest, ob im Organismus nur ein Lecithin mit 2 verschiedenen Fettsäurekomponenten oder eine Gruppe von «Lecithinen» (Dioleyl-, Distearyl-, Monoleyl-Palmityl-, Monoleyl-Stearyl-Lecithinen usw.) vorkommen.

Glyzerinphosphorsäure.

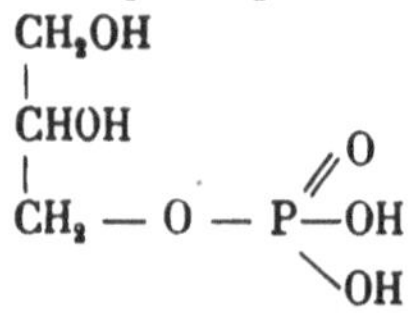

Eine Glyzerinphosphorsäure wurde zuerst von Pelouze synthetisch dargestellt, die aber wahrscheinlich mit der natürlich vorkommenden (Formel obenstehend) nicht identisch war.

Die Synthese der natürlichen Glyzerinphosphorsäure gelang durch Erhitzen von Glyzerin mit Phosphorsäure auf 180°. Sie stellt einen Syrup dar, der schon beim Erhitzen mit Wasser auf dem Wasserbade in Glyzerin und Phosphorsäure gespalten wird.

Zuerst wurde die Glyzerinphosphorsäure von Gobley[1]) unter den Zersetzungsprodukten des Lecithins nachgewiesen. Willstätter[2]) zeigte, daß die bei der Spaltung des Lecithins entstehenden Ba- und Ca-Salze der Glyzerinphosphorsäure optisch aktiv (linksdrehend) sind. Es existieren also jedenfalls Lecithine mit in α-Stellung gebundenem Phosphorradikal.[3]) Das Calcium-

[1]) Gobley (l. c.).
[2]) Willstätter und Lüdecke, Ber., Bd. XXXVII, S. 3753 (1904).
[3]) Da sonst kein asymmetrisches C-Atom im Molekül vorhanden ist!

salz ist wie das Baryumsalz in kaltem Wasser leichter löslich als in warmem und scheidet sich beim Kochen in glänzenden Blättchen aus.

Cholin. Es seien die Formeln von Cholin, Neurin, Muskarin und Betain der nahen Verwandtschaft halber neben einander gestellt.

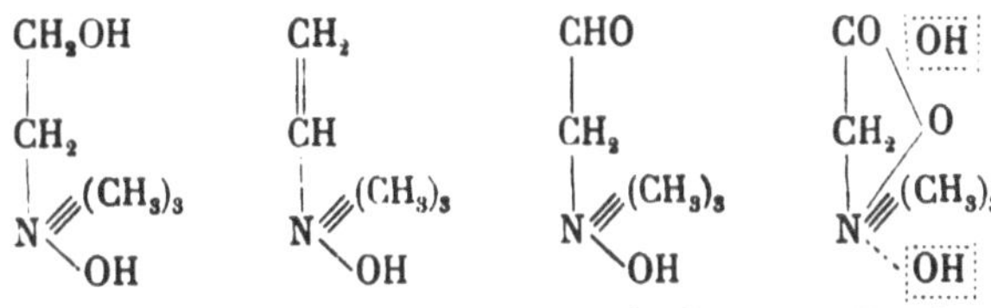

Cholin Neurin Muskarin Betain

Das Cholin wurde von Wurtz[1]) synthetisiert durch Addition von Trimethylamin an Äthylenoxyd:

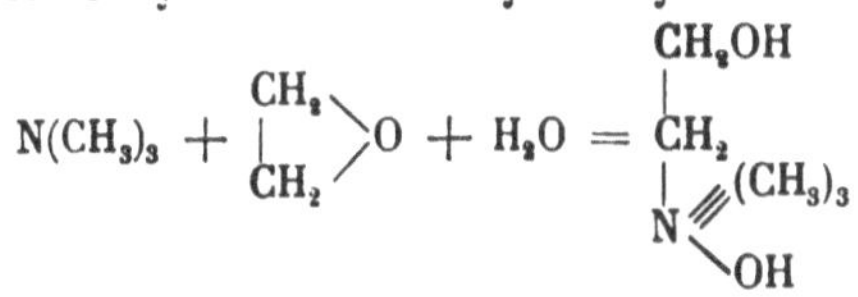

Zuerst aufgefunden wurde es von Strecker (l. c.). Bei der Spaltung von «Protagon» mit Alkalien fand O. Liebreich das «Neurin», das sich später (Baeyer)[2]) als ein Gemenge der Vinylverbindung Neurin und der Oxäthylbase Cholin erwies. Cholin entsteht nicht nur bei der Zersetzung des Lecithins, sondern findet sich auch frei, hauptsächlich in der Leber, in geringer Menge auch im Blute.

Es stellt eine krystallinische, sehr hygroskopische Masse dar und bildet als starke Base (tertiäres Amin) mit Säuren unter Addition Salze, die leicht zerfließen. Mit Platinchlorid liefert es ein Choroplatinat $(C_5H_{14}NO_2)_2PtCl_6$, das in Wasser leicht, in Alkohol unlöslich ist.

Zum Nachweis kann ferner die Florencesche Reaktion[3]) dienen: Entstehung braunschwarzer feiner Kryställchen beim Behandeln einer auf dem Objektträger eingetrockneten Probe

[1]) Wurtz, Ann., Spl., Bd. I, S. 116 (1868).

[2]) Baeyer, Ann., Bd. CXL, S. 306, Bd. CXLII, S. 322 (1866).

[3]) Struve, Zeitschr. f. analyt. Chem., Bd. XXXIX, S. 1 (1900).

mit konzentrierter Jod-Jodkaliumlösung (2 T. Jod, 6 T. Jodkalium, 100 T. Wasser). Auch Neurin, Betain, Muskarin und Purinbasen geben diese Reaktion. Nach den Untersuchungen von Erlandsen, Mac Lean,[1]) Baskoff[2]) und Otolski[3]) ist das Vorhandensein eines zweiten N-haltigen Bestandteiles im Lecithin nicht ganz ausgeschlossen.

Konstitution und Synthese.

Diakonow stellte zuerst eine Formel auf und schrieb dem Lecithin die Konstitution eines Cholinsalzes der Distearylglyzerinphosphorsäure zu:

I. 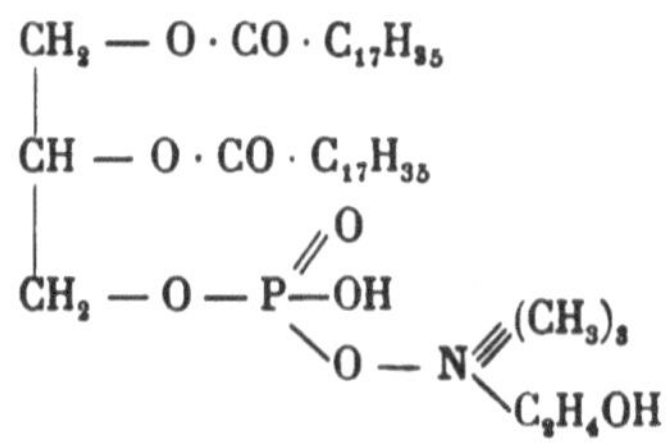

Strecker (l. c.) wies auch andere Fettsäuren im Lecithin nach und schloß, da er mit Platinchlorid Lecithinplatinat erhielt, während bei Vorhandensein einer Bindung zwischen dem Stickstoff und dem Phosphorsäurerest Cholinplatinat hätte entstehen müssen, auf eine esterartige Bindung zwischen Cholin und der substituierten Glyzerinphosphorsäure:

II. 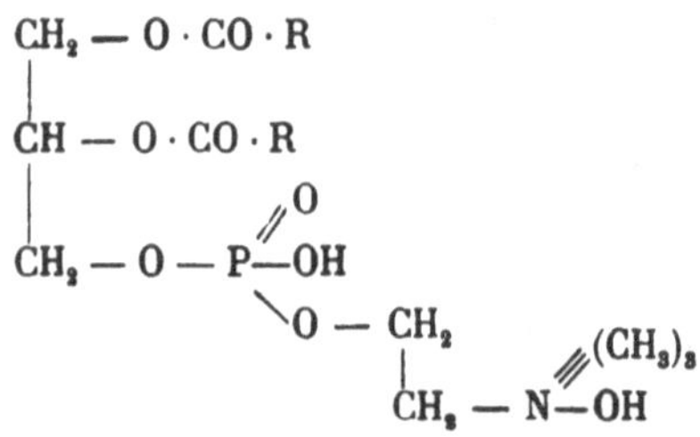

[1]) MacLean, Zeitschr. f. physiol. Chem., Bd. LIX, S. 223 (1909).

[2]) Baskoff, Zeitschr. f. physiol. Chem., Bd. LIII, S. 395 (1907); Bd. LX, S. 426 (1909).

[3]) Otolski, Biochem. Zeitschr., Bd. IV, S. 124 (1907).

Hundeshagen[1]) versuchte die Synthese eines Distearyllecithins. Er stellte nach Berthelot[2]) Distearin synthetisch dar und erhielt so wahrscheinlich die α—α' Verbindung, aus der er mit Phosphorpentoxyd eine Distearylglyzerinphosphorsäure gewann. Diese gab mit der berechneten Menge kohlensaurem Cholin das Cholinsalz der symmetrischen Distearylglyzerinphosphorsäure:

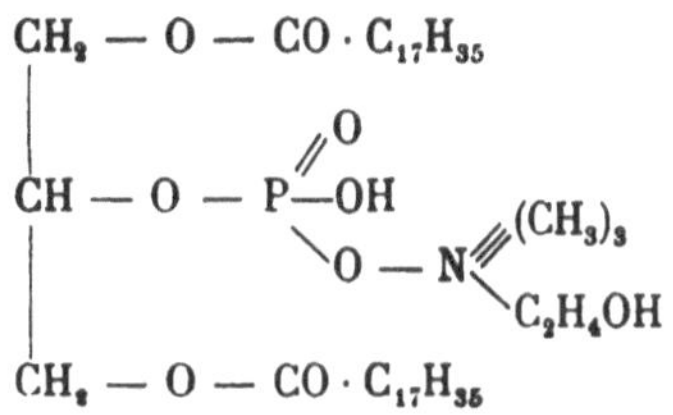

während Hundeshagen eine asymmetrische Struktur vermutete. Darnach kann Lecithin nur ein Ester, nicht ein Salz sein. Es muß ferner wegen seiner optischen Aktivität, die Ulpiani fand,[3]) ein asymmetrisches Kohlenstoffatom enthalten. Bei Annahme zweier verschiedener Fettsäurekomponenten im Lecithinmolekül, deren Vorhandensein ja höchstwahrscheinlich ist (s. o.), kommen nur 2 Formeln, analog I und II in Betracht.

Nun ist die bei der Spaltung entstehende Glyzerinphosphorsäure optisch aktiv,[4]) sodaß nur folgende Formel übrig bliebe:

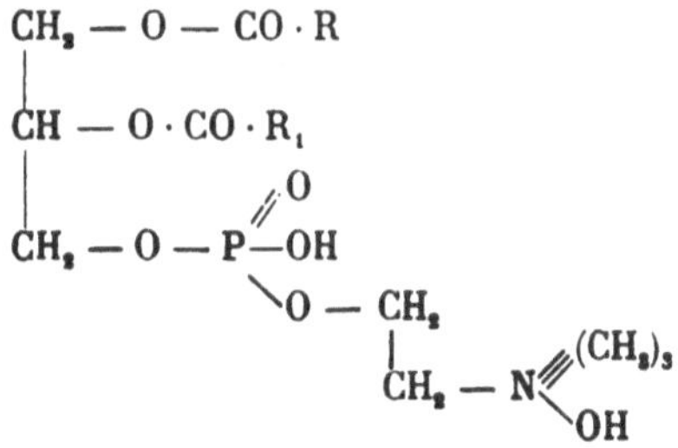

vorausgesetzt, daß es nicht verschieden zusammengesetzte Lecithine gibt, die 2, 3 oder gar mehr verschiedene Säuren

---

[1]) Hundeshagen, J. f. pr. Ch. (neue Folge), Bd. XXVIII, S. 219 (1883).

[2]) Vgl. Grün, Ber., Bd. XXXVIII, S. 22, 86 (1905).

[3]) Ulpiani, Atti dell' acad. dei Lincei Roma (5), 10, I, d. 368, 421 (1901).

[4]) Willstätter u. Lüdecke, Ber., Bd. XXXVII, S. 3753 (1904).

und außer Cholin noch einen anderen stickstoffhaltigen Bestandteil enthalten!

Auch wäre noch eine Wasserabspaltung zwischen den an P und N gebundenen Hydroxylgruppen möglich. Die Entscheidung hierüber steht noch aus.[1]) Grün und Kade[2]) versuchten eine Synthese des α-β-Distearyllecithins.

Aus α-β-Dibromhydrin bekamen sie durch Erhitzen mit Kaliumstearat das α-β-Distearin. Dieses gab mit Phosphorpentoxyd und Äthylenglykol den Glykolester der α-β-Distearylglyzerinphosphorsäure. Die Einwirkung von Trimethylamin auf dieses Produkt führte wahrscheinlich zu dem gesuchten Stearinsäurelecithin.

Physiologisches.

Auf der Leichtigkeit, mit der das Lecithin in den kolloidalen Zustand übergeht, beruht seine Bedeutung für den Organismus.[3]) W. Koch[4]) ist nämlich der Ansicht, daß das Lecithin zusammen mit den Eiweißkörpern in kolloidaler Lösung die Viskosität der Zelle bedingt. Die «antagonistische» Wirkung der Salze ein- und dreiwertiger Kationen (siehe S. 50) findet ihr Analogon beim lebenden Protoplasma, das man ja als eine komplizierte kolloidale Lösung ansieht. Kolloidale Lösungen diffundieren aber nur sehr langsam in andere hinein und so könnte man es erklären, daß in einer Zelle verschiedene Prozesse gleichzeitig vor sich gehen. Phosphatide vom Typus des Lecithins regeln ferner die Endosmose der Salze.[5]) Höber[6]) denkt sich nämlich die Zellen umgeben mit einer halbdurchlässigen Membran aus Eiweißkörpern und Lipoiden. Overton schloß auf das Vorhandensein von Lecithin, Cholesterin usw. in der Plasma-

---

[1]) Vgl. Willstätter u. Lüdecke, Ber., Bd. XXXVII, S. 3753 (1904).

[2]) Kade, Dissertation, Zürich 1911.

[3]) Porges und Neubauer, Biochem. Zentralbl., Bd. VII, S. 152.

[4]) W. Koch, Zeitschr. f. physiol. Chem., Bd. XXXVII, S. 181.

[5]) Vgl. H. Aron, Biochem. Zentralbl., Bd. III, S. 461, 501; Bd. IV, S. 505, 553.

[6]) Höber, Pflügers Archiv f. Physiol., Bd. LXXXVI, S. 199 (1901). Vgl. Abderhalden und Count, Zeitschr. f. exp. Path. u. Ther., Bd. II, S. 199 (1905).

haut aus deren Lösungsvermögen gegenüber verschiedenen Stoffen, insbesondere Farbstoffen. Nur lipoidlösliche (zugleich plasmalösliche) Farbstoffe dringen ein, «vitale Farbstoffe», lipoidunlösliche nicht. Basische Farbstoffe sind nach Overton lipoidlöslich, saure unlöslich. Ruland[1]) zeigte aber, daß diese Regeln für Pflanzenzellen durchaus nicht allgemein gelten, und Höber[2]) schlägt daher folgende Einschränkung vor:

«Basische Farbstoffe sind «Vitalfarben», saure Farbstoffe «Nichtvitalfarben.»

Die Verteilung der Salze im Organismus wird durch den Grad ihrer Löslichkeit in den Lipoiden der Zellmembran geregelt. (H. Meyer und Overton, Fränkel.)[3])

Was die Beziehungen des Lecithins zur Narkose anlangt, so sagt darüber die Theorie von H. Meyer und Overton aus, daß ein Stoff um so energischer narkotisiert, je größer seine Löslichkeit in den «Lipoiden» («Gehirn»-, Plasmalipoiden») im Verhältnis zu der im Wasser ist.[4])

Es ist nicht entschieden, ob dem Lecithin große Bedeutung für den Stoffwechsel zukommt. Anscheinend sprechen die Versuche von H. Leo[5]) dagegen. Im Hungerzustande und bei Phosphorintoxikation nimmt das Gewicht des Gehirns und des Rückenmarks kaum ab, was Voit damit erklärt, daß diese Organe durch die Zersetzung von Gewebebestandteilen anderer Organe ernährt werden. Die Menge des Lecithins fand nun Leo im Hungerzustande unverändert.

Es steht aber fest, daß das Lecithin die Retention von Stickstoff und Phosphor fördert (Slowtzoff, Yoshimoto).[6]) Ferner begünstigt es die Fettverdauung im Magen und Dünn-

---

[1]) Ruland, Jahrb. f. wissensch. Botanik, Bd. XLVI, S. 1 (1908).

[2]) Höber (l. c.).

[3]) H. Meyer, Arch. f. exp. Path. u. Pharm., Bd. XLII, S. 109 (1899). Overton, «Studien über Narkose», 1901, S. 184.

[4]) S. Fränkel, Neubauer, Biochem. Zeitschr., Bd. XIX, S. 254 (1909); Bd. XXI, S. 321 (1909).

[5]) H. Leo, Zeitschr. f. physiol. Chem., G., S. 469 (1885).

[6]) Yoshimoto, Hoppe-Seylers Zeitschrift für physiol. Chemie, Bd. LXIV, S. 464.

darm.[1]) Es beeinflußt ferner günstig das Wachstum, wie zahlreiche Forscher fanden.[1])

Über Aufbau und Abbau des Lecithins im tierischen Körper hat Miescher[2]) umfangreiche Untersuchungen angestellt.

Im Mark der Knochen nimmt das Lecithin bei Alterserscheinungen, ferner im Blute von Luetikern, Tabetikern und Paralytikern ab, dagegen zu bei Polycythaemia rubra megalosphenica.[3])

Viel studiert wurden die Beziehungen des Lecithins zur Hämolyse durch Cobragift.

Mittels physiologischer Kochsalzlösung vom Serum befreites Blut erleidet keine Hämolyse durch Cobragift (Flexner und Noguchi). Das im Serum enthaltene Lecithin soll die Rolle eines Aktivators spielen (Kyes). Ivar Bang behauptet, daß bei der Behandlung mit NaCl-Lösung die Blutkörperchen mit Salzsäure beladen und dadurch unempfindlich werden. Zugesetztes «Lecithin» aktiviert, doch hat man bisher nur bei den ungesättigten Fettsäuren sicher eine aktivierende Wirkung nachgewiesen. Wahrscheinlich ist ferner der Gehalt des Blutes an Alkali und die Lipoidlöslichkeit des Giftes für die Hämolyse von Bedeutung. Lecithin dürfte mit Cobragift, ähnlich wie mit Glukose eine dissoziierbare Verbindung bilden. Näheres über dieses interessante Gebiet, das vor allen Flexner und Noguchi,

---

[1]) Stoklasa, Zentralbl. f. Physiol., Bd. X, S. 258; Starsano und Billon, Compt. rend. de la Soc. de biol., Bd. LIV, 5, S. 156; Serono, Arch. Ital. de Biol., Bd. XXVII, 3, S. 340 (1897); Shinkishi, Chem. Zentrbl., 1903, Bd. I, S. 1017; Desgrez u. Zaky, Compt. rend., Bd. CXXXIV, S. 1166; Massacini, Zentralbl. f. Physiol., Bd. XVI, S. 314; Desgrez und Zaky, C. r., Bd. CXXXIX, S. 819; Völtz, Arch. f. d. ges. Physiol., Bd. CVII, S. 418; Morgen, «Die landwirtschaftlichen Versuchsstationen», 1906, S. 162; Glikin, Bioch. Zeitschr., Bd. VII, S. 286 (1908); Franchini, Arch. d. farmacol. sperim., Bd. VII, S. 371; Slowzow, Beitr. z. chem. Physiol. u. Path., Bd. VIII, S. 370 (1906); Franchini, Bioch. Zeitschr., Bd. VI, S. 210; Yoshimoto, Zeitschr. f. physiol. Chemie, Bd. LXIV, S. 464; Marfari, «Über die Absorption der organischen Phosphorverbindungen».

[2]) Miescher, «Histochemische und physiologische Arbeit». Leipzig 1897.

Kyes und Sachs und Ivar Bang bearbeitet haben, siehe in Ivar Bangs Werk: «Chemie und Biochemie der Lipoide» (Wiesbaden, 1911).[1])

Jekorin.

In der Galle, im Blut und in anderen Organen sind Phosphatide enthalten, welche bei der Spaltung Glyzerinphosphorsäure, Fettsäuren, Cholin und Zucker u. zw. Glukose geben. Diese Phosphatide sind auch durch einen Schwefelgehalt gekennzeichnet.

Man faßt diese Substanzen unter dem Namen Jekorin zusammen; die wechselnde Zusammensetzung und die Unmöglichkeit einer genauen physikalischen Charakterisierung haben ein genaueres Studium bisher vereitelt.

Kephalin.

Das Kephalin wurde zuerst im Gehirn von Thudichum gefunden; Thierfelder und Stern, ferner Mac Lean fanden es im Eigelb. Die Fettsäuregruppen des Kephalins sind von Cousin[2]) und besonders Parnas[3]) eingehend studiert worden.

Nach Thudichum und Dimitz[4]) gibt es mehrere Kephaline.

Die elementare Zusammensetzung ist nach Thudichum C 60,00%, H 9,38%, N 1,68%, P 4,27%. Koch fand C 59,5%, H 9,8%, N 1,75% und P 3,83%. Thierfelder und Stern fanden (im Kephalin aus Eigelb) C 59,68%, H 9,7%, N 1,57%, P 3,64%. Nach Mac Lean enthielt dieses Kephalin noch ein Monaminodiphosphatid, wie auch Thierfelder und Stern selbst ausdrücklich bemerken, daß ihre Präparate nicht ganz rein waren.

Zuelzer fand C 60,27%, H 6,8%, N 3,8%, — 5,7%, P 2,7%. Falk für Nerven-Kephalin C 57,0%, H 9,1%, N 1,94%, P 4,4%. Fränkel und Neubauer C 62,05%, H 9,85%, N 1,69%, P 3,45%.

---

[1]) Vgl. ferner die Zusammenstellung von E. Abderhalden und de Count, Zeitschr. f. exp. Path. u. Ther., Berlin 1905, Bd. II, S. 199 (zitiert nach F. Kade, Dissertation, Zürich 1911, S. 86, Nr. 178).

[2]) Cousin, Journ. d. Pharm. et de Chim., Bd. XXIV, S. 101, 1906.

[3]) Parnas, Biochem. Zeitschr., Bd. XX, S. 411, 1909.

[4]) Dimitz, Biochem. Zeitschr., Bd. XXI, S. 343, 1909.

Die Formel ist wahrscheinlich $C_{42}H_{80}NPO_3$.

Die Konstitution wird wahrscheinlich durch folgendes Schema ausgedrückt:

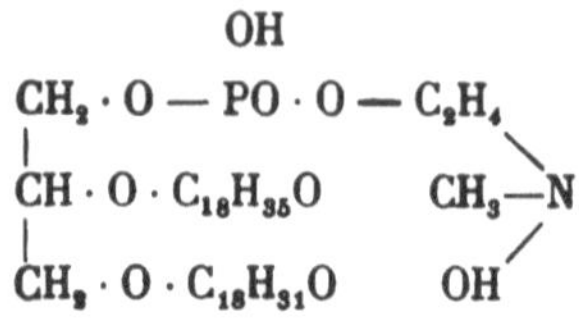

Das Kephalin ist nach Thudichum das Hauptphosphatid des Gehirns.

Das Kephalin ist eine farblose, feste, leicht pulverisierbare, hygroskopische Substanz. Parnas gibt als Schmelzpunkt 114° an.

Myelin.

Das Myelin wurde von Thudichum in nicht sehr großer Menge aus Gehirn dargestellt und kommt wahrscheinlich auch im Herzmuskel vor. Es ist das einzige bekannte Phosphatid, das nicht durch $CdCl_2$ gefällt wird.

Analyse: C 63,41 %, H 9,83 %, N 1,79 %, P 4,09 %, O 20,87 % (Thudichum).

Als Formel wurde hieraus: $C_{40}H_{75}NPO_3$ · berechnet.

Es enthält die Reste ungesättigter Fettsäuren und ist nach Thudichum selbst eine ungesättigte Säure. Ansonsten ist seine Konstitution unbekannt.

2. Monaminodiphosphatide.

Cuorin.

Das Cuorin wurde aus dem Herzmuskel isoliert.

Als Formel des Cuorins wird $C_{71}H_{125}NP_2O_{21}$ angegeben, wonach das Molekül größer wäre als das des Lecithins.

Es liefert bei der Spaltung Glyzerinphosphorsäure, drei Fettsäure-Moleküle und eine stickstoffhaltige Gruppe, die nicht mit Cholin identisch ist. Beim Erhitzen wird Trimethylamin entwickelt.

Die Fettsäuren des Cuorins sind vorwiegend ungesättigt. Ihre elementare Zusammensetzung entspricht einer Formel $C_{19}H_{34}O_2$. Die Jodzahl ist 130,1. Sie gehören der Linol-Linolengruppe an.

III. Triaminodiphosphatide.

Diese Verbindungen sind von Fränkel und seinen Mitarbeitern in Form der $CdCl_2$-Verbindungen dargestellt worden.

Über diese Gruppe gehen die Ansichten der verschiedenen Forscher weit auseinander, so daß derzeit kein abschließendes Urteil möglich ist.

Eingehender ist in diesem Gebiet das Triaminodiphosphatid aus Gehirn, das Sahidin, studiert.[1])

Als Formel wird $C_{80}H_{167}N_3P_2O_{12}Cd_3Cl_6$ angegeben.

Bei der Hydrolyse wurden Cholin, Glyzerinphosphorsäure und Fettsäuren gefunden, unter letzteren eine solche, deren Barytsalz ätherlöslich ist. Sahidin enthält neben der ungesättigten eine gesättigte Fettsäure.

Ein anderes Triaminodiphosphatid von der Formel $C_{18}H_{133}N_3P_2O_{21}Cd_3Cl_6$ haben Fränkel und Nogueira[2]) aus der Niere dargestellt. Es ist nur sehr unvollständig untersucht.

Gesättigte Phosphatide.

I. Diaminomonophosphatide.

Sphingomyelin.

Das Sphingomyelin wurde von Thudichum aus dem Gehirn dargestellt. Nach Rosenstein und Tebb[3]) ist die prozentuale Zusammensetzung C 62,9 %, H 11,54 %, N 3,33 %, P 3,46 %, O 18,77 %, entsprechend einer Formel $C_{49}H_{109}N_2PO_{10}$ oder auch $C_{52}H_{109}N_2PO_9 + H_2O$.

Das Sphingomyelin krystallisiert aus Alkohol in Nadeln, Sternen und Tafeln. Es läßt sich pulverisieren und ist nicht wachsartig wie die ungesättigten Phosphatide.

Diaminophosphatid aus Muskeln.

Ein weiteres Diaminophosphatid hat Erlandsen im Herzmuskel, in den Extremitätenmuskeln und im Eigelb gefunden, in welchen es in reichlicher Menge vorkommt.

Die Substanz dürfte eine der Formel $C_{40}H_{75}N_2PO_{12}$ übereinstimmende Zusammensetzung haben.

[1]) Fränkel, Biochem. Zeitschr., Bd. XXIV, S. 268 (1910).
[2]) Fränkel, Biochem. Zeitschr., Bd. XVI, S. 366 (1909).
[3]) Quart. Journ. f. exp. Physiol., Bd. I, S. 297 (1908).

Diaminophosphatid aus Eigelb.

Eine derartige Substanz wurde von Thierfelder und Stern aus Eigelb dargestellt.

Die Verbindung krystallisiert, läßt sich pulvern und behält dauernd ihre weiße Farbe. Sie ist kaum hygroskopisch. Schmelzpunkt: 169—170°. Über die Konstitution ist nichts bekannt.

Diaminophosphatid aus Pferdepankreas.

Fränkel und Offer[1]) stellten aus Pferdepankreas ein gesättigtes, krystallinisches Phosphatid von der Formel $C_{72}H_{147}N_2PO_{11}$ dar.

II. Triaminomonophosphatide.

Neottin.

Ist nach Fränkel und Buffalio[2]) im Eigelb enthalten.

Zusammensetzung: C 67,51%, H 11,52%, N 2,81%, P 2,07%. Hieraus berechnet sich die Formel: $C_{84}H_{172}N_3PO_{15}$, mit der eine kryoskopische Molekulargewichtsbestimmung (M = 1483) übereinstimmt.

Die Konstitution ist unbekannt. Cholin ist aber jedenfalls vorhanden, ferner ist Stearinsäure, wahrscheinlich Palmitinsäure und vielleicht auch Zerebronsäure im Neottin enthalten.

Carnaubon(?).

Dunham und Jacobson[3]) stellten ein Phosphatid aus der Niere dar.

Die Zusammensetzung war: 66,70% C, 11,38% H, 3,19% N und 2,38% P. Dem entspricht die Formel $C_{74}H_{150}N_3PO_{13}$.

Das Carnaubon enthält Phosphorsäure, Cholin und drei Fettsäureradikale, nämlich Stearin-, Palmitin- und Carnaubinsäure, **kein** Glyzerin, aber Galaktose, zum Unterschied von sämtlichen tierischen Phosphatiden! Die Angaben bedürfen jedenfalls noch der Bestätigung.

---

1) Zeitschr. f. physiol. Chem., Bd. LI, S. 21 (1907).

2) Biochem. Zeitschr., Bd. IX, S. 44 (1908).

3) Zeitschr. f. physiol. Chem., Bd. LXIV, S. 302 (1910).

Protagon.

Ursprünglich wurde das Protagon als wichtigstes, sogar als einziges Gehirnphosphatid aufgefaßt, Thudichum[1]) gelang es, nachzuweisen, daß eine große Zahl von Phosphatiden vorkommt. Das Protagon stellt höchstens einen kleinen Bruchteil der Gesamtphospatide dar (Chittenden und Frisselt). Von mancher Seite wurde sogar seine Existenz in Zweifel gezogen, jedoch soll auf diese Kontroverse hier nicht eingegangen werden.

Eigenschaften: Das Protagon ist ein weißes, aus mikroskopischen Nadeln bestehendes, lockeres Pulver, das mit Wasser eine Emulsion bildet. Die Lösung in Pyridin hat die spezifische Drehung (a)d = 6,8°.

Die Zerebroside.

Die Zerebroside sind Glykoside, welche bei der Hydrolyse immer Galaktose liefern, ferner enthalten sie Fettsäuren und N-haltige Bestandteile, aber keine Phosphorsäure. Die Zerebroside wurden von Thudichum in der weißen Substanz des Gehirns nachgewiesen. Auch als Bestandteil der roten Blutkörperchen, der Spermatozoen, der Eiterzellen, der Milz wurden Zerebroside gefunden.

Phrenosin

wurde von Thudichum aufgefunden, aber nicht ganz rein dargestellt. Die prozentische Zusammensetzung war C 67,96 %, H 11,43 %, N 2 %, O 18,61 %, woraus sich die Formel $C_{40}H_{80}NO_8$ berechnet.

Kerasin.

Es wurde ebenfalls von Thudichum aus dem Gehirn isoliert.

Zusammensetzung: C 70,06 %, H 11,60 %, N 2,23 %, O 16,11 %, entsprechend der Formel $C_{36}H_{78}NO_6$. Die Spaltungsprodukte sind: Galaktose, eine Fettsäure und wahrscheinlich Sphingosin, eine Verbindung von der Formel $C_{17}H_{35}NO_2$, die vielleicht eine Aminofettsäure ist und angeblich auch im Sphingomyelin vorkommt.

---

[1]) Die chemische Konstitution des Gehirns. 1901.

Zerebron

wurde von Thierfelder und Wörner[1]) aus Protagon dargestellt.

Zusammensetzung: C 69,19 %, H 11,45 %, N 1,76 %, O 17,6 %, entsprechend der Formel $C_{46}H_{90}NO_9$. Das Zerebron ist eine weiße, in Wasser nicht quellende Substanz. Es krystallisiert besonders schön aus chloroformhaltigem Azeton, noch besser aus Methylalkohol oder Chloroform-Methylalkohol. Schmelzpunkt: 212°. Es ist optisch aktiv.

Die Spaltung liefert Galaktose, Sphingosin und Zerebronsäure, eine Fettsäure von der Formel $C_{25}H_{50}O_3$.

Von einer Reihe von Forschern wurden weitere Zerebroside aus Milz, Eiterzellen, Gehirn dargestellt. Doch ist deren Einheitlichkeit und ihre Verschiedenheit von den bereits angeführten mehr als zweifelhaft, wie ja diesbezüglich auch die besser untersuchten Stoffe noch zu manchen Bedenken Anlaß geben.

Sulfatide.

Koch[2]) erhielt aus menschlichem Gehirn ein schwefelreiches Produkt, das er in die Klasse der Sulfatide einreihte. Inwiefern jedoch diese schwefelhaltigen Produkte als eigene Gruppe (Sulfatide) gegen die eigentlichen Phosphatide abzugrenzen sind, ist noch nicht entschieden.

Die Verteilung des Fettes im tierischen Organismus.[3])

Über die Verschiedenheit des Fettes verschiedener Organe eines Tieres haben Henriques und Hansen Mitteilungen gemacht.[4]) Untersucht wurden Hund, Pferd, Ochs, Schaf, Schwein, Kamel und Gans.

Sie fanden, daß das Hautfett immer das an Ölsäure reichere ist. Namentlich bei Tieren mit starkem Fettpolster unter der Haut (Schwein, Kamel, Seehund) ist der Ölsäuregehalt um so geringer, je weiter das Fett von der Hautoberfläche entfernt ist.

---

[1]) Zeitschr. f. physiol. Chem., Bd. XLIII, S. 21; Bd. XLIV, S. 366; Bd. XLIX, S. 286 (1906); Bd. LXVIII, S. 464 (1910).

[2]) Zeitschrift für physiol. Chemie, Bd. LXX, S. 94 (1910).

[3]) S. Benedikt-Ulzer, Analyse der Fette u. Wachsarten, IV. Aufl.

[4]) Tierchemie, Bd. XXX, S. 57.

Die Ursache wurde in der Verschiedenheit der Temperaturen in den Fettlagen gefunden. Thermoelektrische Messungen ergaben nämlich für eine Tiefe von

1 cm unter der Haut: Temperatur 33,7° C.
2 » » » » : » 34,8° »
3 » » » » : » 37° »
4 » » » » : » 39° »
Rectaltemperatur: 39,9° C.

Gronover[1]) konstatierte, daß die Fettgewebe um so wasserreicher sind, je schlechter das Tier genährt ist.

Nach Acby[2]) sollen Rindsknochen mit zunehmendem Alter an organischen Substanzen verlieren.

Über die quantitative Verteilung des Fettes im Säugetierorganismus geben die Untersuchungen von Schulz, an einem mageren Tier (Hund) ausgeführt, z. T. Aufschluß.[3])

Das Gewicht des Tieres war 25,15 kg.
» » » Fettes » 1,408 kg = 5,8%.

	Fettgehalt der Organe in Prozenten angegeben	
	feucht	trocken
Fettgewebe	19,39	43,6
Eingeweidefett	45,85	91,7
Muskeln	3,27	13,36
Herz	5,3	21,3
Leber	5,34	18,2
Pankreas	4,26	16,9
Nieren	3,18	15,2
Blut	0,61	4,46
Gehirn	10,88	41,76
Knochen	7,27	14,6
Fell ohne Haare	4,42	12,06

Andere Zahlen erhielt Möckel[4]) bei der Fettbestimmung eines fetten Hundes.

Gewicht des Hundes 11,100 kg.

[1]) König, Chem. d. Nahrungs- und Genußmittel, 1904, Bd. II, S. 504.
[2]) Jahresber. f. Agrikulturchem., Bd. III, S. 63.
[3]) Pflügers Arch., Bd. LXVI, S. 145.
[4]) Pflügers Arch., Bd. CVIII, S. 189—191.

	Gewicht in g	Gewicht in Prozenten des Körpergewichts	Fett in g	Fett in Prozenten des Organs
Fett	1358	12,23	517,7	38,12
Unterhautfett	998	8,99	867,6	86,94
Muskeln	4400	39,64	861,7	19,59
Eingeweide ohne Leber	1284	11,57	381,6	29,72
Leber	266	2,40	35,6	13,37
Knochen	1718	15,48	207,5	12,08
Gehirn	84	0,76	10,7	12,74

Menschenfett.

(Art, Menge und Verteilung der Fette in den verschiedenen Organen des menschlichen Organismus.)

Die Zusammensetzung des Menschenfettes ist im allgemeinen dieselbe wie die der Fette anderer höherer Wirbeltiere. Es besteht im wesentlichen aus den Glyzeriden der Palmitin-, Stearin- und Ölsäure, was schon Chevreul nachwies,[1]) und sehr wenig flüchtigen Fettsäuren.[2]) Von letzteren sind nach Langer[3]) Butter- und Capronsäure vorhanden, während Lerch angibt, besonders Caprylsäure gefunden zu haben.

Auch geringe Mengen von Myristinsäure und Laurinsäure kommen vor,[4]) besonders in der Galle[5]) und im Muskelfett, wie Rumpf annimmt.[6]) Nach den Untersuchungen von Rosenfeld ist es übrigens selbstverständlich, daß alle Fettsäuren, die in den Nahrungsfetten enthalten sind, wenigstens temporär im Organismus nachzuweisen sind. Es wurde auch schon Linolsäure gefunden.[7])

Erhebliche Unterschiede in der Konsistenz zeigen die Fette von Kindern und Erwachsenen.[8])

---

[1]) Recherches sur les corps gras d'origine animale, Paris 1823.

[2]) Heintz, Pogg. Annalen, Bd. LXXXIV, S. 221 u. 238.

[3]) Monatshefte, Bd. II, S. 382.

[4]) Dennstedt, Gronover u. Rumpf, Chemiker-Ztg., Nr. 27 Rep. S. 270, 317.

[5]) Tappeiner, Sitzgsb. Wr. Akad., Bd. II, S. 87 (1878).

[6]) Virchows Archiv, Bd. CLXXIV, S. 163—193.

[7]) Mitchell, Chem. Zentralblatt, 1896, Bd. II,S. 498.

[8]) Referat, Malys Tierchemie, Bd. XXX, S. 59.

Langer fand im Kinderfett dreimal so viel feste Fettsäuren als im Fett Erwachsener. Da die Bestimmung der Ölsäure nach der Methode der Trennung der Bleisalze erfolgte, sind die Zahlenangaben ganz unverläßlich.

Kind:	Ölsäure: 67,75 %		
Erwachsene:	» 89,8 %		
Kind:	Stearin zu Palmitin	= 1 : 9	aus den Schmelzpunkten!!
Erwachsene:	» » »	= 1 : 4	

Immerhin bestätigte Dobatowkin, daß das Fett von Säuglingen relativ mehr feste Fettsäuren enthält, als das Erwachsener und daß der Gehalt an festen Fettsäuren bis zum 4. Lebensjahre kontinuierlich abnimmt.[1])

In Fortsetzung der Arbeiten von Langer bestimmte Siegert[2]) die Jodzahl des Unterhautfettgewebes bei Neugeborenen, bei Kindern im 1. Lebensjahre und bei einem Erwachsenen. Als Mittelwert ergibt sich im Zusammenhang mit den früheren Untersuchungen für das erste Vierteljahr 45,0, für das zweite 50,7, für das dritte 50,85, also keine Veränderung von Bedeutung. Erst im letzten Viertel des ersten Lebensjahres steigt die Zahl auf 58,55, dann 62,35, d. h. mit dem Einsetzen der gemischten Nahrung nähert sie sich der des Erwachsenen (64—65).

Während aber die Jodzahl wächst, sinkt nach Versuchen von Moulton und Trowbridge[3]) mit zunehmendem Alter der Schmelzpunkt des Fettes, wobei die äußeren Fettpartien einen höheren Schmelzpunkt zeigen.

Nach Jaeckle[4]) zeigt das Fett des Kindes in den ersten Lebensmonaten einen sehr hohen Gehalt an niedrigen Fettsäuren.

Das Fett soll im menschlichen Organismus erst in der zweiten Hälfte des Fötallebens auftreten und dann, so wie in der ersten Zeit nach der Geburt, fast ausschließlich auf den Paniculus adiposus beschränkt sein. Während die inneren Or-

---

[1]) Mitchell, Chem. Zentralblatt, 1896, Bd. II, S. 498.

[2]) Hofmeisters Beiträge z. chem. Physiolog. u. Pathol., Bd. I, S. 183—188.

[3]) Chem. Zentralbl. 1910, Bd. I, S. 1737.

[4]) Zeitschrift f. physiolog. Chemie, Bd. XXXVI, S. 53—84.

gane fast fettlos sind, ist der Paniculus adiposus relativ fünfmal so dick als beim fettleibigsten Erwachsenen.[1])

Beim Erwachsenen sind die bedeutendsten Fettdepots:

Das intermuskuläre Bindegewebe, das Fettgewebe der Bauchhöhle, das Unterhautbindegewebe; diese enthalten 2—4 mal so viel, als die nächst fettreichen Organe: Herz, Leber und Muskeln.[2])

Die fettreichste Körpersubstanz ist das Rückenmark. Die fettärmsten Körperbestandteile sind die Knochen, das Blut, der Speichel und der Schweiß (letzterer enthält Cholesterine). —

Das Fett aus den Bindegeweben ist viel leichter extrahierbar als das aus dem Muskelplasma.[3])

Beim Ansatz von Fett werden nicht zuerst die fettreichen Organe gefüllt. Es besteht keine bestimmte Reihenfolge, vielleicht nimmt aber das Unterhautzellgewebe am schnellsten Fett auf.

Am labilsten ist das Bauchhöhlenfett, welches beim Hungern zuerst verbraucht wird, während Organfett — mit Ausnahme des muskulären und intermuskulären Fettes — nicht angegriffen wird. So wird auch Gehirnlecithin und Leberfett nicht merklich bei Fetthunger reduziert.[4])

Im Ort des Ansatzes von Nahrungsfett und von im Körper selbstgebildetem Fett ist kein Unterschied.[5])

Im Blute Gesunder ist im Mittel 0,194% Fett enthalten. Im Fettgehalte der Arterien und der Venen ist — im Gegensatz zu den Befunden Bornsteins — kein Unterschied.[6]) Über den Fettgehalt des Blutes und einiger Organe des Menschen geben die vergleichenden Analysen Aufschluß, die Rumpf[7]) mitteilt.

Die Zusammensetzung des Ohrschmalzes wurde schon von Berzelius und Vauquelin untersucht. Spätere Analysen

---

[1]) Monatshefte, Bd. II, S. 382.

[2]) L. Pfeiffer, Z. f. Biologie, Bd. XXIII, S. 340.

[3]) Noel Paton, Journ. of Physiol., Bd. XIX, S. 167.

[4]) Herter, Tierchemie, Bd. XXVIII, S. 74.

[5]) Forster, Z. f. Biologie, Bd. XII, S. 448.

[6]) Röhmann u. Mühsam, Pflügers Arch., Bd. XLVI, S. 383.

[7]) Virchows Archiv, Bd. CLXXIV, S. 163—193, und Deutsche mediz. Wochenschr., 1903, Nr. 34.

ergaben das Vorhandensein von (Wasser), Stearin, Olein, Kaliseifen und (?) Lactaten.[1])

Im normalen Harn sind nur ganz geringe Mengen höherer Fettsäuren enthalten. — Hybbinette fand in 10 Litern 0,016 bis 0,025 g,[2]) andere jedoch in der normalen Harnmenge von 24 Stunden 0,44 g Fett.[3])

Der Fettgehalt der Faeces wechselt nach Menge und Schmelzpunkt der Nahrungsfette (s. Verdaulichkeit).

Im Anschluß seien einige Angaben über die Fettausscheidung durch die Haut angeführt.

Krukenberg findet die Absonderungen der Talgdrüsen bei Anstrengung in der Wärme zwanzigmal so groß, als bei Ruhe und in der Kälte.[4])

Vom dritten, vierten Lebensjahr bis zur Pubertät ist die Fettabscheidung gleich groß, steigt dann, um später wieder etwas abzunehmen. Beim ♂ und ♀ ist sie gleich groß, besonders stark bei mageren Individuen. Tuberkulöse und Krebsleidende zeigen fast gar keine Fettabsonderung.

An verschiedenen Körperteilen ist sie verschieden; am stärksten auf der Stirne, dann an Rücken, Brust, Oberarm und Leib. Die Gesamtfettabsonderung durch die Haut binnen einer Woche schwankt bei verschiedenen Personen zwischen 100—300 g.[5])

Pathologisches.

Über das pathologische Vorkommen, bezw. die pathologische Vermehrung des Fettes in den verschiedenen Organen liegen zahlreiche Untersuchungen vor. «Fettige Degeneration» des Herzens wurde am häufigsten bei Phosphorvergiftungen, schweren Anämien, bösartigen Tumoren und Lungentuberkulose beobachtet, seltener hingegen bei den eigentlichen Herzkranken (z. B. Potator).[6])

---

[1]) Petrequin u. Chevallier, Union med. de la Gironde 1871.

[2]) Tierchemie, Bd. XXVII, S. 363.

[3]) Reale Giuranna u. Lucibelli, Tierchemie, Bd. XXVII, S. 43.

[4]) Tierchemie, Bd. XIX, S. 35.

[5]) Leubuscher, Tierchemie, Bd. XXIX, S. 65.

[6]) Krehl, Arch. f. klin. Med., Bd. LI, S. 416.

Auch bei Benzolvergiftungen, zugleich mit akuter Nephritis.[1])

Nach einer Ansicht soll bei solchen Nierenverfettungen das Fett durch Infiltration zugeführt und abgelagert werden.

Nach Perls beruht auch die Leberverfettung bei Säufern auf einer Fetteinwanderung, die vorzugsweise auf Kosten des Wassergehaltes erfolgen soll, während die gelbe Leberatrophie fettige Degeneration auf Kosten der festen Bestandteile wäre.[2])

Schließlich wurde auch die fettige Degeneration, welche nach Phosphorvergiftungen auftritt, als Fetteinlagerung erklärt.[3])

Den Mechanismus der Infiltration erklärt Hester so, daß er annimmt, gespaltenes Fett trete aus dem Blute wieder in die Zellen und werde dort wieder synthetisiert. Die sogenannte fettige Degeneration würde also primär auf einer durch Kreislaufstörungen bewirkten Mehrzufuhr von Blutflüssigkeit mit gelöstem Fett beruhen.[4])

Siegert[5]) untersuchte als Beitrag zur Theorie der fettigen Degeneration das Verhalten des Fettes bei Autolyse der Leber und fand, daß die Autolyse keine Veränderung verursache. Obgleich makroskopisch und mikroskopisch «fettige Degeneration» erkannt wurde, war keine Änderung im Fettgehalt bemerkbar.

Dem ist entgegenzuhalten, daß andere Forscher nach P-Vergiftungen keine Fettwanderung konstatieren konnten, so z. B. Woltke, der deshalb für die pathologische Fettbildung eintritt.[6])

Diese besteht nach Pflüger in der Umwandlung des Glykogens der Leber in Fett.[7])

Die Entgegnungen von Polimanti, welcher anführte, daß der Glykogengehalt der von ihm untersuchten Frösche zur

---

[1]) Santesson, Skandinav. Arch. f. Physiol., Bd. CI.

[2]) Zentralbl. f. d. mediz. Wissensch., 1873, Bd. LI, S. 801.

[3]) Z. B. Taylor, Zentralbl. f. Physiol., Bd. XIII, S. 443.

[4]) Virchows Arch., Bd. CLXIV, S. 293.

[5]) Hofmeisters Beiträge zur chem. Physiol. u. Pathol., Bd. I, S. 114—120.

[6]) Tierchemie, Bd. XXXI, S. 77.

[7]) Pflügers Arch., Bd. LXXI, S. 318.

Bildung der gefundenen Fettmenge nicht ausgereicht hätte, sind infolge fehlerhafter Versuchsanordnung nicht stichhaltig.[1])

Am einleuchtendsten ist die von Rosenfeld gestützte Theorie. Nach seinen Versuchen gibt es überhaupt keine fettige Degeneration.[2])

Nach Saxl[3]) tritt Zellverfettung ohne chemisch nachweisbare Fettvermehrung ein; es handelt sich nur um ein histologisches Sichtbarwerden von schon vorhandenem Fell. Bei der Autolyse findet keine Neubildung höherer Fettsäuren statt; ebensowenig konnte bei der durch postmortalen Zusatz von Phosphor bedingten Steigerung der Autolyse eine Neubildung von Fett nachgewiesen werden.

Bei Leberverfettungen nach P- und Phloridzinvergiftungen oder Alkoholgenuß kommt es zu Glykogenschwund in der Leber, Das Manko wird durch Fett ausgefüllt, so wie umgekehrt bei Steigerung des Glykogengehaltes Entfettung der Leber erfolgt.[4])

Es besteht also ein Antagonismus zwischen Glykogen und Fett. Da die Fettinfiltration nur an Glykogen — nicht aber an Eiweißschwund geknüpft ist, ist sie auch kein Degenerationssymptom.[5])

Zu ähnlichen Ergebnissen gelangt Maignon[6]) durch Versuche an spontan diabetischen Hunden. Die Menge des ausgeschiedenen Harnstoffs, vor allem aber die Menge des Zuckers (auch die des Azetons), war bei fettreicher Nahrung wesentlich geringer.

Rosenfeld wies auch nach, daß bei Vergiftungen durch Kaliumbichromat, Alkohol, Phosphor, Phloridzin, Chloroform, Morphium und Kantharidin das Nierenfett nicht vermehrt wird.[7])

Normalerweise enthält die Niere fast kein Fett.[8]) Dieses tritt z. B. auf bei Diabetes, auch bei andern pathologischen Zu-

[1]) Pflügers Arch., Bd. LXXI, S. 34.
[2]) Tierchemie, Bd. XXVII, S. 53.
[3]) Beiträge zur chem. Physiol. u. Pathol., Bd. X, S. 461.
[4]) Zentralbl. f. innere Med., Bd. XXI, S. 1049.
[5]) Tierchemie, Bd. XXXI, S. 76.
[6]) Journ. de pathol. et de physiol. gén., 1908, p. 866.
[7]) Ibid., Bd. XXXII, S. 344.
[8]) Klemperer, Dtsch. Med. Woch., H. 3, Jan. 1909.

ständen. Es kann entweder Fettinfiltration oder nur Sichtbarwerden (Phanerose) von Lipoidsubstanzen eintreten oder oft auch gleichzeitig Zellzerfall und Fettinfiltration stattfinden.

Kotfett.

Bei hypertrophischer Lebercirrhose mit Icterus wird eine außerordentliche Vermehrung des Kotfettes konstatiert; so in einem Falle 52,59 %. Pribram beobachtete sogar bei einer Ausscheidung von 1662 g Faeces (in 24 h) 73,77 % Fett.[1])

Bei Icterus catarrhalis wurde 29,74 %, nach der Heilung 12,20 %; bei akuten Darmerkrankungen wurde im Mittel aus 5 Fällen 25,4 % im Kot gefunden.

Bei chronischen Darmleiden (Mittel aus drei Fällen): 10,61 %, während die Faeces normal 9,5 % Fett enthalten.[2])

Fettstuhlgang wird auch bei Glykosurie beobachtet[3]) und in einem Falle von Leberschrumpfung zugleich Maltosurie und Steatorrhöe.[4])

Das Kotfett tritt häufig in Krystallform auf z. B. in nadelförmigen Krystallen, bestehend aus freien Fettsäuren, Ca- und Mg-Seifen. Über Fettkrystalle in den Faeces siehe auch Ziehl.[5])

Fettharn kommt vor:

1. Bei parasitärer und nicht parasitärer Chylurie (neben Eiweiß).

2. Bei fettiger Degeneration der Harnbildungs- und -leitungswege.

3. Bei Phtisis pulmonum, langwierigen Eiterungen, Pyämie, chronischen Vergiftungen durch Phosphor, Kohlenoxyd und Terpentin, bei gelbem Fieber und schweren Knochenverletzungen.[6])

Ad 1. In einem Fall von Chylurie wurde im Harn gefunden:
0,36 % Fett und 0,76 % Eiweiß.[7])

---

[1]) Prager med. Wochenschrift, 1899, Nr. 36 u. 37.
[2]) Muzzi, Tierchemie, Bd. XIX, S. 285.
[3]) le Nobel, Arch. f. klin. Med., Bd. XLIII, S. 285.
[4]) le Nobel, Tierchemie, Bd. XVI, S. 449.
[5]) Deutsche med. Wochenschr., 1883, Nr. 37.
[6]) Rassmann, Tierchemie, Bd. XI, S. 209.
[7]) Wilkens, Hygiea, Bd. L, S. 496.

Genaue Untersuchungen über das Chylusfett aus dem Harn eines an europäischer, nicht parasitärer Chylurie Erkrankten stellte Erben an. Die Analysen stimmen unheimlich.[1])

Neutralfett	95,987 % (!)
Freie Säuren	1,680 %
Lecithin	0,56 %
Cholesterin	1,715 % (!)

Cholesterin und Lecithin wurden von Langgaard im Fettharn gefunden.[2])

Interessant ist die Beobachtung Hubers, daß chylöser Harn nach 43 Tagen noch keine Fäulniserscheinungen zeigt.[3])

Eine Entziehung des Nahrungsfettes bewirkt Verminderung des Fettgehaltes des Harns, Steigerung des Nahrungsfettes soll hingegen ohne Einfluß sein.[4])

Ad 3. Ebstein fand bei Pyonephrose flüssiges Fett im Harn zusammen mit Hämatoidinkrystallen.[5])

Knoll fand Fettkrystalle bei subchronischer Nephritis mit Urämie im Harn und post mortem in den Harnkanälchen. Das freie Fett sei dabei durch Zellenzerfall entstanden.[6])

Ebenso wurden bei Phosphorvergiftungen freie Fetttröpfchen sowohl im Harnsediment als auch in den Harnkanälchen der Nieren gefunden.[7])

Flüchtige Fettsäuren, die im normalen Harn nur in Spuren vorkommen (8—9 mg per Tag), treten nach Alkoholaufnahme vermehrt auf. Auch bei Fieber wurde bei 150 beobachteten Fällen Steigerung bis zu 100 mg konstatiert. Bei febriler Lipacidurie ist der Fettsäurengehalt sehr schwankend.[8])

Fettkonkremente treten auch in der Blase auf, sowohl solche aus freien Fettsäuren, Neutralfett und Seifen (Ca und Mg), als auch Cholesterinkonkremente.[9])

[1]) Zeitschrift f. physiol. Chemie, Bd. XXX, S. 436.
[2]) Virchows Ann., Bd. LXXVI, S. 145.
[3]) Virchows Arch., Bd. CVI, S. 126.
[4]) Brieger, Charité Ann., Bd. VII.
[5]) Arch. f. klin. Med., Bd. CXV.
[6]) Prager Zeitschrift f. Heilkunde, Bd. III, S. 148.
[7]) Knoll, Tierchemie, Bd. XII, S. 188.
[8]) v. Jaksch, Tierchemie, Bd. XV, S. 229.
[9]) Horbaczewski, Zeitschrift f. physiol. Chemie, Bd. XVIII, S. 335.

Lipome.

Die Fettgeschwulste sind der Größe nach sehr verschieden, in der Zusammensetzung meistens ziemlich ähnlich.

Ein 579 g schweres Lipom bestand aus 78,07 % Fett (65 % Ölsäure),[1]) eine 2,8 kg Fettgeschwulst aus 75,75 % Fett (65,57 % Ölsäure),[2]) während bei anderen 66,7 % und 67,2 % Ölsäure gefunden wurde.[3])

Sehr abweichend in der Zusammensetzung zeigte sich ein von Jäckle untersuchtes Lipom. Die zentrale Partie war durch eine verkalkte Zone scharf abgegrenzt. Im Innern war der Lecithingehalt der 100fache des normalen; die Verkalkungszone enthielt 29,5 % Ca-Seifen, 28,61 % $CaCO_3$ und 41,89 % Ca-Phosphor.[4])

Blut:

Eine außerordentliche Steigerung des Gehaltes an Fett wurde bei hungernden Tieren beobachtet. Auch in einem Falle von Diabetes war 5 Tage vor dem Coma 6,4 % Fett im Blut.[5])

Nach Versuchen von Munk und Friedenthal[6]) steigt der Fettgehalt des Blutes in Versuchen, bei denen Fett gereicht wurde, nachdem der Ductus thoracicus und alle in die vena cava sup. mündenden Kopf-, Hals- und Armvenen beider Seiten unterbunden worden sind, sehr stark. Dies beweist, wie leicht Fett die Kapillarwandungen durchdringen und auch ohne Mitwirkung der Galle in protoplasmalösliche Form übergeführt werden kann. Je mehr sich das Plasma an Fett anreichert, um so mehr enthalten davon auch die Blutkörperchen.

Resorption.

Die Sekrete der Leber und des Pankreas, der Darmsaft und auch der Magensaft bewirken die Resorption der Fette wie auch der anderen Nährstoffe. Welches der verdauenden Sekrete bei der Fettaufnahme die Hauptrolle spielt, war ebenso

---

[1]) Ruppel, Zeitschrift f. Biologie, Bd. XXXI, S. 101.
[2]) Schultz u. Schwalbach, Pflügers Arch., Bd. LV, S. 231.
[3]) Lebedeff, Zeitschrift f. physiol. Chemie, Bd. VI, S. 189.
[4]) Tierchemie, Bd. XXXI, S. 71.
[5]) Zaudy, Arch. f. klin. Med., Bd. LXX, S. 301.
[6]) Zentralblatt f. Physiologie, Bd. XV, S. 297—299.

lange unentschieden als die zum Teil damit verknüpfte Frage, in welcher Form die Fette resorbiert werden.

Es wird heute von der Mehrzahl angenommen, daß eine vollkommene Spaltung der Fette nicht notwendig ist, daß also die Fette nicht gelöst (Seifen), sondern nur in feinster Verteilung — emulgiert — aufgenommen werden.

Auch das Zustandekommen der Emulsion wurde verschieden gedeutet. Nach Duclaux ist die Emulgieruug ein rein physikalischer Vorgang ohne Fermentwirkung.[1]) Auch Brücke sah die Ursache der Emulgierung nur in der Berührung des Fettes mit alkalischer Flüssigkeit (teilweise Bildung von Seifen).[2]) Hingegen glaubte Landwehr die Bildung der Emulsion nur durch die Wirkung eines «tierischen Gummis» erklären zu können, das, in Verbindung mit einem Globulin das Mucin bildend, aus diesem durch die Galle abgespalten werde.[3])

Infolge der intensiven Forschungstätigkeit über Kolloide hat man in der letzten Zeit dem Vorgang der Emulsionierung größere Aufmerksamkeit geschenkt und konstatiert, daß es hierbei keineswegs nur auf eine bloß mechanische Verteilung ankommt. Damit sich eine Emulsion bildet, beziehungsweise bestehen bleibt, ist es notwendig, daß die Oberflächenspannung des Mediums in bestimmter Beziehung zu der der emulgierten Körper steht; ferner ist die Anwesenheit von Kolloiden und auch von Elektrolyten auf die Beständigkeit der Emulsion von großem Einfluß. Besonders solche Substanzen, welche kolloidale Lösungen geben, z. B. fettsaure Salze[4]) erhöhen die Stabilität der Emulsionen.

Diese Annahme ist aber überflüssig, da schon $^1/_4$ %ige Sodalösung allein genügt, um Fett mit Spuren freier Fettsäuren zu emulgieren.[5]) (Tatsächlich ist die Spaltung im Organismus eine weitaus bedeutendere, als zur Emulsionierung nötig wäre.)

Die Ansicht, daß Fett nur nach vollkommener Zerlegung

---

[1]) Tierchemie, Bd. XII, S. 265.

[2]) Sitzungsber. d. Wr. Akad., Bd. LXI, II. Teil, S. 362.

[3]) Zeitschrift f. physiol. Chemie, Bd. IX, S. 361.

[4]) Krafft, Bd. XXXII, S. 1584.

[5]) Munk, Ib., Bd. IX, S. 565.

in Seife und Glyzerin — also in wasserlöslicher Form — resorbiert werden kann, wird hauptsächlich von Pflüger vertreten. Als Seife trete das Fett aus dem Darm in das Zottenepithel.[1]) «Alle Verdauung ist Hydrolyse; alle Resorption Hydrodiffusion».

Zur Erklärung der Fettresorption betont Pflüger, daß die gebildeten und resorbierten Seifen in der Zelle wieder zu Fett synthetisiert werden, das Alkali also, indem es einen fortwährenden Kreislauf durchmacht, den Darmdrüsen zur Sekretion wieder zur Verfügung steht.

Gmeiner[2]) zieht aus Versuchen, nach denen die Resorption der Fette durch Senfölzusatz gesteigert, die der Seifen aber vermindert wird, den Wahrscheinlichkeitsschluß, daß das Fett als solches zur Aufnahme gelangt und nicht vor seiner Resorption eine Spaltung erfährt.

Daß Seifen resorbiert werden, ist an sich unzweifelhaft. Ebenso, daß sich aus Seife und Glyzerin im Darmepithel und Gewebe der Zotten wieder Neutralfett bildet.[3])

Im Darmkanal aufgesaugte Seifen bewirken Fettansatz.[4]) Nach Pflüger werden auch Kalkseifen resorbiert, weil sie auch in CO_2-freiem Wasser hydrolytisch gespalten sind.[5]) Es ist ferner nachgewiesen, daß überlebende Dünndarmschleimhaut aus Seife und Glyzerin bei Körpertemperatur (und Gegenwart eines Antiseptikums) Fett bilden kann.[6]) Damit ist aber keineswegs bewiesen, daß das Fett bei seiner Aufnahme in den Organismus quantitativ die Umwandlung in Seife und diese die Rückbildung in Neutralfett durchmachen muß.[7])[8]) Munk wendete hiegegen ein, daß nicht einmal die Hauptmenge des Nahrungsfettes so resorbiert werden kann, da nicht genug Alkali in den Säften disponibel wäre.[9])

[1]) Pflügers Archiv, Bd. LXXXII, S. 381, u. Bd. LXXXV, S. 1.
[2]) Zeitschrift für Tiermedizin, Bd. VI, S. 134—144.
[3]) Percwoznikoff, Zentralbl. f. d. med. Wiss., 1876, S. 851.
[4]) Radziejewski, Virchows Arch., Bd. LVI, S. 211.
[5]) Pflügers Archiv, Bd. LXXXIX, S. 211.
[6]) Ewald, Du Bois' Arch., Supplbd., Festschrift 1883, S. 302.
[7]) Pflüger, Pflügers Arch., Bd. LXXXVIII, S. 299.
[8]) Henriques Hansen, Zentralbl. f. Physiol., Bd. XIV, S. 313.
[9]) Virchows Arch., Bd. XCV, S. 407.

Dieser Einwand allein würde nicht genügen, da das Alkali immer wieder abgespalten werden könnte, um neue Fettmengen zu verseifen.[1]) Heute, wo eine große Zahl in neutraler oder saurer Lösung wirksamer lipolytischer Fermente bekannt ist, kann jedoch behauptet werden, daß die sich bildenden Seifen nur für die Bildung der Emulsion nötig sind,[2]) und daß Neutralfett und Fettsäuren als solche emulgiert und resorbiert werden.

Wirkung der Galle.

Die Notwendigkeit der Galle für die Fettresorption beweisen zahlreiche Untersuchungen. Bei Gallenabschluß wird die Resorption der Kohlenhydrate gar nicht, die von Eiweiß wenig, die der Fette aber sehr stark beeinträchtigt.[3])

Gallenfisteltiere können größere Fettmengen überhaupt nicht mehr vertragen. Selbst bei Verabreichung sehr kleiner Qantitäten werden höchstens 40 % (gegen 99 %) aufgenommen.

Beim Menschen beobachtete man, daß Gesunde höchstens 7—14 % Fett unverdaut lassen, Icterische 67—74 %.

(Nach Virchow gelangt das Fett mit der Galle in die Gallenblase und wird hier resorbiert, was von Rosenberg bestritten,[4]) von Virchow aber aufrecht erhalten wurde.)[5])

In physiologischer Hinsicht ist die Eigenschaft der Gallensubstanzen, Seifen zu lösen und deren Gelatinieren zu verhüten, vielleicht noch wichtiger als ihre Wirkung als Lösungsmittel.[6])

Die Galle ist auch für die Aufsaugung verseifter Fette von wesentlicher Bedeutung und übertrifft (nach Voit) in dieser Beziehung den Pankreassaft an Wichtigkeit.[7]) Ihre Funktion ist eben nicht so sehr die der Emulgierung als die Benetzung des Zottengewebes, wodurch dasselbe erst die emulgierten Fette aufsaugen kann.[8])

---

[1]) Moore u. Rockwood, Proc. Royal Soc. London, Bd. LX, S. 438.
[2]) Nencki, Tierchemie, Bd. XVI, S. 44.
[3]) Müller, ib., Bd. XV, S. 54.
[4]) Virchows Arch., Bd. CXXIII, S. 17.
[5]) Ib., Bd. CXXIII, S. 187.
[6]) Moore und Parker, Proc. Roy. Soc., London, 68, 64.
[7]) Rosenberg, Pflügers Arch., Bd. LXXXV, S. 152.
[8]) Voit, Tierchemie, Bd. XII, S. 2

So nehmen auch die Epithelzellen des ausgeschnittenen überlebenden Froschdarmes erst nach Benetzung mit Gallensekret Fetttröpfchen in nennenswerter Menge auf.[1])

Wirkung des Pankreas.

Röhmann vertrat die Ansicht, daß die Galle zur Fettresorption wohl sehr wichtig, aber nicht so absolut notwendig sei wie das Pankreas.[2])

In der Tat beobachtete Munk, daß bei Gallenabschluß von der Trockensubstanz der Nahrung 87,6 %, vom Fett derselben noch 66,9 % aufgenommen werden konnten.[3]) Das Kotfett bestand dabei aus:

7,85 % Neutralfett,
61,84 % Säuren,
10,93 % Seifen.

Man vergleiche aber hierzu das im vorhergehenden Kapitel Angeführte!

Scotti[4]) fand, daß Tiere, denen man nur ein Stück der Bauchspeicheldrüse gelassen hat, die Fette im Verhältnis zu diesem resorbieren.

Dagegen war bei Hunden nach Pankreasexstirpation die Fettaufnahme auf ein Minimum herabgesetzt und der Übertritt von Fett aus dem Magen in den Darm sehr verlangsamt.[5])

In anderen Fällen fand sich bei vollständigem Fehlen des Pankreas das Nahrungsfett (ausgenommen Milchfett) quantitativ im Kot, obwohl 4/5 des Fettes gespalten waren; auch Fettsäuren wurden nicht aufgenommen.[6]) Bei Mitverfütterung von frischem Schweinepankreas dagegen wurde jedes Fett resorbiert.[7])

Dies bestätigt wohl die schon von Claude Bernard

[1]) Gruenhagen, Pflügers Arch., Bd. XXXXIV, S. 535.
[2]) Pflügers Arch., Bd. XXIX, S. 509.
[3]) Virchows Arch., Bd. CXXII, S. 303.
[4]) Tierchemie, Bd. XXXI, S. 85.
[5]) Harley, Journ. of Physiol., Bd. XVIII. S. 1 (1896).
[6]) Minkowski, Berl. klin. Wochenschr., 1890, Nr. 15, S. 333.
[7]) Abelmann, Tierchemie, Bd. XX, S. 45.

ausgesprochene Anschauung, daß Galle ohne Pankreas die Fettverdauung nicht bewerkstelligen könne.[1])

Anderseits zeigte Dastre, daß Pankreas alllein auch nicht genügt.[2]) Auch hier besteht die Wirkung außer in der Fettspaltung in dem Reiz, den das Sekret auf die Epithelzellen des Dünndarms ausübt.[3]) Dabei sollen diese Zellen nach Hoppe-Seyler gleichsam als lebende Organismen eine Nahrungsauswahl treffen.[4]) Anderseits erregen die Fette die Bauchspeicheldrüse und rufen so selbständig die Sekretion hervor.[5])[6])

Im Einklang damit stehen die Resultate von Jablonskis Versuchen.[7]) Es unterliegt also keinem Zweifel, daß die Verdauung der Fette hauptsächlich durch die Tätigkeit des Pankreas und der Galle verursacht wird; nach vollkommenem Abschluß beider Organe wird nur sehr geringe Fettverdauung bemerkt.[8])

Von nicht emulgiertem Fett wurden 10%, von Milchfett 20% verdaut, wobei Bakterienwirkung nicht ausgeschlossen war.[9])

Die Spaltung des nicht aufgenommenen Fettes kann aber nicht unbeträchtlich sein.

Nach Resektion des Ductus choledochus und Exstirpation des Pankreas bei einem Hund enthielten nach Milchverfütterung dessen Faeces: 55% Neutralfett und 45% Fettsäuren.[10])

Ähnliche Versuchsergebnisse erhielt Cunningham.[11])

Nach Magnus[12]) fördern gallensaure Alkalien die fettspaltende Wirkung des Pankreassaftes.

Beachtenswert ist auch der Einfluß von Salzen auf die Fettspaltung durch Pankreas-Lipase. Natriumsalze üben z. B.

---

[1]) Ann. de chim.-phys., Bd. III, 25, S. 474.
[2]) Compt. rend. soc. biol., 1887, S. 782.
[3]) Levin, Pflügers Arch., Bd. LXIII, S. 171.
[4]) Röhmann, ib., Bd. XXIX, S. 509.
[5]) Dolinski, Tierchemie, Bd. XXIV, S. 363.
[6]) Damaskin, ib., Bd. XXVI, S. 433.
[7]) Arch. des sciences biolog., Bd. IV, S. 377.
[8]) Hédon u. Ville, Arch. de physiol., Bd. IX, S. 606 (1897).
[9]) Dies., Compt. rend. soc. biol., Bd. XLIV, S. 308.
[10]) Hédon u. Ville, Compt. rend. soc. biol., Bd. XLIV, S. 308.
[11]) Journ. of Physiol., Bd. XXIII, S. 209.
[12]) Zeitschrift f. physiol. Chemie, Bd. XLVIII, S. 376.

in kleinen Mengen eine deutlich beschleunigende Wirkung aus, in größeren Mengen wirken sie verzögernd (untersucht wurden hauptsächlich die Halogenverbindungen). Ebenso wirken Kaliumsalze, kräftiger dagegen die Magnesium- und Baryumsalze. Calcium ist fast ohne Einwirkung.[1])

Bei der Fettspaltung durch Pankreasferment ist die optimale Alkalinität $^{n}/_{150}$. Lecithin und gallensaure Salze verstärken die Wirkung.[2])

Was die veresternde Wirkung der Pankreaslipase anlangt, so konnte Hamsik gewisse Unterschiede in der Veresterungsgeschwindigkeit bei den verschiedenen Fettsäuren und Alkoholen konstatieren.[3])

Resorption bezw. Spaltung im Magen.

Marcet, später Ogata[4]) wiesen nach, daß die Spaltung der Fette schon im Magen beginnt.[5])

Nach älteren Untersuchungen wäre diese Spaltung sehr gering und betrüge nicht viel mehr, als die Bakterien des Magens zu leisten vermögen.[6])

Volhard zeigte indes, daß. z. B. von Milchfett oder Eigelbemulsion über 70% im Magen gespalten werden können.[7]) Er fand auch, daß ein Glyzerinextrakt der Magenschleimhaut fettspaltend wirkt und daß diese Wirkung zwar durch Salzsäure, viel weniger aber durch Magensaft herabgesetzt wird. Die Schleimhaut enthielt wahrscheinlich das Zymogen des Fermentes.[8]) Inoye[9]) konnte diese Behauptungen Volhards nicht bestätigen.

v. Pesthy[10]) gibt an, daß die Fähigkeit des Magens Fett zu spalten auf der Sekretion eines echten Fermentes beruht und unabhängig ist von der Sekretion des Pepsins und der

---

[1]) Terroine, C. rend., Bd. CXLVIII, S. 1215, Mai 1909.
[2]) Terroine, Biochem. Zeitschr., Bd. XXIII, S. 404—429.
[3]) Zeitschrift f. physiol. Chemie, Bd. LXXI, 1911, S. 238.
[4]) Du Bois' Arch., 1881, S. 515.
[5]) The medical times and gazette, Bd. XVII, S. 210.
[6]) Klemperer u. Schenolem, Zeitschr. f. klin. Med., Bd. XV, S. 370.
[7]) Münch. Med. Wochenschr., Bd. CXLI, S. 194.
[8]) Zeitschrift f. klin. Med., Bd. XLII, S. 414, u. Bd. XLIII, S. 397.
[9]) Archiv für Verdauungskrankheiten, Bd. IX, S. 250—262.
[10]) Archiv für Verdauungskrankheiten, Bd. XII, 4, S. 292.

Salzsäure. Dagegen entwickelt sich nach Reimsheimer[1]) die fettspaltende Wirkung des reinen Magensaftes auch im selben Maße wie die Produktion von Pepsin und Salzsäure. Die Verdauungstätigkeit des Magens ist auch abhängig vom Blutdruck: sie steigert sich mit Zunahme des Blutdruckes.

Im Magen von Kälbern wurde reichliche Fettresorption nachgewiesen.[2])

Die Fettverdauung im Magen ist daher weder auf die ausschließliche Wirkung von Fäulnisorganismen zurückzuführen, noch auf die von Pankreasferment, welches durch den Pylorus in den Magen gelangt sein könnte.[3])

Auch das Sekret eines nach Pawlow angelegten «kleinen Magens» zeigt nach Laqueur[4]) fettspaltende Eigenschaften. Das wirkende Ferment ist sehr empfindlich und schon bei 51° zerstörbar; es wird von der Galle nicht verstärkt.

Nach Gallengas[5]) Versuchen über die Fettverdauung im Magen scheidet dieser während der ganzen Verdauungszeit ein lipolytisches Ferment aus, das von langsamer und schwacher Wirkung ist, wirksamer in Gegenwart von emulgierten Fetten als bei fein verteilten Fetten.

Für das lipolytische Ferment des Magens hat nach Volhard das Schütz-Borrisonsche Gesetz Geltung: Die Fermentmenge ist dem Quadrate der Verdauungsprodukte proportional.[6])

Hingegen hat Waldemar Stade in seinen Untersuchungen über die fettspaltenden Fermente des Magens ermittelt, daß das Schütz-Borrissonsche Gesetz bei höheren Konzentrationen nicht genau stimmt. Es sei hierbei erwähnt, daß bisher noch bei keiner Fermentreaktion eine einfache, in weitem Bereiche gültige Formel für die Reaktionsgeschwindigkeit gefunden wurde.

In den letzten Jahren sind viele Arbeiten über die Wirkungsweise der Fermente ausgeführt worden, so von Bredig,[7])

---

[1]) Deutsche med. Wochenschr., 1906, S. 1194.

[2]) Schilling, Tierchemie, Bd. XXXI, S. 476.

[3]) Contejean, Arch. de physiol., Bd. XXVI, S. 125.

[4]) Hofmeisters Beiträge, Bd. VIII, 5/7, S. 281.

[5]) Malys Tierchemie, Bd. XXXIV, S. 473.

[6]) Malys Tierchemie, Bd. XXXI, S. 476.

[7]) Bredig, Anorgan. Ferm., 1901. Henri, Zeitschr. f. physik. Chem. Herzog, Zeitschr. f. physiol. Chemie. Senter, Zeitsch. f. physik. Chemie.

Henri, Herzog, Senter und vielen anderen. Faßt man deren Resultate zusammen, so ergeben sich bei den meisten Fermenten äußerst komplizierte Formeln für die quantitativen Verhältnisse. Es ist daher anzunehmen, daß das Schütz-Borissonsche Gesetz nur eine Annäherungsformel ist. Da nach den von Bredig[1]) entwickelten Anschauungen kolloidale Lösungen nicht als homogene Gebilde aufgefaßt werden dürfen, was ja jetzt auch durch die ultramikroskopische Beobachtung experimentell bestätigt wurde, ist es unzulässig, die für homogene Systeme entwickelten Gleichungen der physikalischen Chemie auf Fermentreaktionen anzuwenden.

Über die Wirkung der Lymphdrüsen bei Resorption der Fette konnte Poulain[2]) in den Lymphdrüsen eine Lipase nachweisen, die das Fett in Glyzerin und Fettsäuren spaltet, anderseits auch Fett durch Synthese bilden kann.

Die Fettspaltung im Magen von Kindern ist nach Hecht[3]) einigermaßen konstant. Das Ergebnis von Toblers Tierversuchen, daß die wasserlöslichen Fettsäuren früher als die unlöslichen festen Fettsäuren den Magen verlassen, wird von Hecht bestätigt. Hoher Säuregehalt wird somit nicht durch größere Fettspaltung, sondern durch Retention von Fett, beziehungsweise von festen Fettsäuren erklärt.

Versuche über die Fettresorption beim Kinde haben ergeben, daß das Maximum der Fettresorption zwischen der zweiten und dritten Stunde nach der Mahlzeit liegt.[4])

Psychische Alterationen können nicht bloß den Verdauungs-, sondern auch den Resorptionsakt schwer schädigen.

Im Magen findet keine Resorption des Fettes statt. Es dauert 1—2 Stunden, bis merkliche Mengen Fett aus dem Darme ins Blut übergehen. Man erkennt dies am trüben Serum, was auf das Vorhandensein von Hämokonien im Blute zurückzuführen ist.[5]) Denn diese treten nur bei Fettnahrung auf.

---

[1]) Siehe Anm. 6 S. 84.

[2]) Malys Tierchemie, Bd. XXXII, S. 79.

[3]) A. Hecht, Wiener klin. Wochenschr., Bd. XXII (1909), Nr. 41.

[4]) Münchener med. Wochenschr., Nr. 10, 1908.

[5]) Braeuning, Zentralbl. f. d. ges. Phys. u. Path. d. Stoffw., N. F., Bd. IV, H. 1, Jan. 1909.

Je größer die Menge des genossenen Fettes ist, desto früher sind Hämokonien im Blute nachzuweisen, desto länger dauert ihr Auftreten, desto größer ist ihre Anzahl und desto öfter findet man größere Formen.[1]) Diese Lipämie genannte Erscheinung tritt besonders leicht bei Blutarmut auf. Das milchige Serum kann durch Extraktion mit Äther, Chloroform usw. nicht geklärt werden. Erst nach Ausfällen des Calciums mit Ammoniumoxalat ist eine Klärung des Serums mit Äther leicht möglich.[2])

Der Dickdarm spielt bei der Fettverdauung keine Rolle, da die Exstirpation desselben ohne wahrnehmbaren Einfluß auf Spaltung ist.[3])

Beförderung der Resorption.

Die Fettresorption wird durch Darmdesinfektion verringert, durch verschiedene Mittel gefördert, in erster Linie durch Alkalien.[4])

Versuche an permanenten und temporären Darmfisteln ergaben, daß Zusatz von kleinen Mengen Senföl zu der eingeführten Emulsion eine erhebliche Steigerung der Resorption bewirkt;[5]) dadurch soll aber die Seifenresorption verringert werden.[6]) Auch Quassein beschleunigt nach Tappeiner[7]) die Resorption.

Thyreoidin wirkt durch seine fettverbrennende Eigenschaft.[8]) Karlsbader Mineralwasser beeinträchtigt — entgegen früheren Meinungen — die Fettresorption gar nicht, wenn keine Kontraindikation besteht (wie z. B. Anomalien der Gallen- oder Pankreassekretion[9])). Rohrzucker steigert die Fettassimilation angeblich um 1—3 %.

---

[1]) Leva, Berl. klin. Wochenschr., Bd. XLVI, H. 21, Mai 1909.
[2]) Boggs und Morris, Journ. of exper. Med., 1909, Bd. XI, Nr. 4.
[3]) Vaughan Harley, Tierchemie, Bd. XXVIII, S. 609.
[4]) Scotti, Tierchemie, Bd. XXXII, S. 66.
[5]) Lichtwitz, ib., Bd. XXXI, S. 69.
[6]) Gmeiner, Zeitschrift f. Tiermedizin, Bd. VI, S. 134.
[7]) Zeitschrift f. Biologie, Bd. XLV, S. 223.
[8]) Schiödte, Arch. f. Verdauungskrankheiten, Bd. V, S. 1.
[9]) Kraus, Berlin. klin. Wochenschr., 1897, Nr. XXI, S. 447.
[10]) Circumenko u. Tschernawkin, Wr. Mediz. Blätter, 1894, Nr. 49.

Nach Freund[1]) hat Rohrzucker und Mehl keinen besonderen Einfluß auf die Beschaffenheit der Faeces und die Resorbierbarkeit der Fette; hingegen wirkt Milchzucker und ähnlich Malzextrakt energisch durch die Beseitigung der Seifen aus dem Stuhle. Im allgemeinen konnte dieser Autor auch feststellen, daß die Kalkbilanz von der Seifenbeschaffenheit des Stuhles wenig abhängig ist.

Fett wird auch aufgenommen, wenn es durch Klystiere eingeführt wird. Bei Zusatz von 1 % Na_2CO_3 zum Fett wurden 6,8—68,3 % (in absoluter Menge 4,5—9,9 g) ausgenützt. Mehr als 10 g per Tag können aber auf diesem Wege nicht einverleibt werden. Zusatz von 6 % Kochsalz befördert die Resorption des Fettes.[2])

Aufnahme des Fettes durch die Haut.

Subkutan injiziertes Fett wird im Körper abgelagert, besonders als Bauchfett[3]) und das so zugeführte Fett wird zwar langsam, aber ohne nachteilige Folgen resorbiert.[4])

Nach Fetteinreibungen wurde sowohl Fett im Urin gefunden, als auch eine Vermehrung des Fettgehaltes der Faeces konstatiert.[5])

Nach Einreibungen mit Jodipin konnte Fett immer im Urin, nicht aber im Speichel nachgewiesen werden.[6])

Nach anderen Forschern hat der tierische Körper die ausgesprochene Tendenz, Fett zurückzubehalten. (Fettabgabe durch die Haut?)

Hypodermisch zugeführtes Fett soll sogar vollständig aufgenommen werden und ebenso wie das per os zugeführte zur Erhaltung des Stickstoffgleichgewichtes beitragen.

Übermäßige Fettzufuhr wirkt ungünstig auf die Tätigkeit des Darmkanals ein.[7]) Versuche am Hunde verursachten Erbrechen, Appetitlosigkeit, Verstopfung (infolge Wassermangels), Indi-

[1]) Biochem. Zeitschrift, Bd. XVI, S. 453, März 1909.
[2]) Deucher, Arch. f. klin. Med., Bd. LVIII, S. 210.
[3]) Leube, R., Tierchemie, Bd. XXV, S. 45.
[4]) Du Mesnil de Rochemont, Arch. f. klin. Med., Bd. LX, S. 474.
[5]) Randolph u. Roussel, Philadelphia med. Times, Nr. 14, S. 420.
[6]) Lombroso, Giornale della R. Acad. di med. di Torento. Av. 64.
[7]) Biernacki, Poln. Arch. f. biol. u. med. Wiss., 1907, Bd. III, H. 1—3.

kanurie. Großen Fettmengen scheint eine eiweißsparende Wirkung gänzlich abzugehen, da man eine erhebliche Zunahme des Stickstoffs im Kote nachweisen konnte. Hingegen nahm die Menge des ausgeschiedenen Harnstoffs beträchtlich ab.

Pathologisches.

Nach Tschernoff assimiliert ein gesunder Organismus 90—95% vom Nahrungsfett, ein Fiebernder etwa 7% weniger. Bei Abdominaltyphus aber wird im Fieber mehr assimiliert als in rekonvaleszentem bezw. gesundem Zustande.[1]) Bei Darmerkrankungen ist die Resorption herabgesetzt (bis auf 80%), wie Chatruet[2]) nachweist.

Bei Herzkranken ist nach Grassmann die Resorption des Fettes viel ungünstiger als die von Eiweiß und Kohlenhydraten.[3]) Durchschnittlich bleiben 18% unverdaut.

Bei Superacidität ruft Fett bedeutende Herabsetzung der freien Salzsäure hervor und befördert die Pepsinabsonderung, ist also in solchen Fällen eine zweckmäßige Nahrung.[4])

Bei Greisen wird die Assimilation des Fettes eher besser als schlechter, was nach Menschoff durch die schwächere Peristaltik des Darmes verursacht wird.[5])

Eine gesteigerte Funktion der Schilddrüse greift nach den Ergebnissen von Tierversuchen Fett an; hingegen bedingt eine Unterfunktion der Schilddrüse Fettsucht, wie auch nach Ovarien- bezw. Hodenexstirpation beim Menschen die Anlage zum Fettwerden besteht.

Ablagerung von Nahrungsfett und Fettsynthese im Tierkörper.

Während merkwürdigerweise lange bestritten wurde, daß das Nahrungsfett als solches im Tierkörper abgelagert werde, ist dies heute durch zahlreiche Untersuchungen erwiesen.

Die ersten Beweise dafür erbrachten Hofmann,[6]) sowie

---

[1]) Reale, Giuavanna u. Lucibelli, Tierchemie, Bd. XXVII, S. 43.
[2]) Tierchemie, Bd. XXXV, S. 52.
[3]) Tierchemie, Bd. XIII, S. 398.
[4]) Zeitschrift f. klin. Med., Bd. XV, S. 183.
[5]) Tierchemie, Bd. XXIII, S. 47.
[6]) Zeitschrift f. Biologie, Bd. VIII, S. 153.

Pettenkofer und Voit.[1]) Die große Ähnlichkeit im Fette der Verzehrer und dem des Futters (auch wenn dasselbe sehr fettarm ist) wurde besonders von Rosenfeld gezeigt.[2]) Es erfolgt auch direkter Übergang des Nahrungsfettes eines Säugers in die Milch,[3]) mit Ausnahme der flüchtigen Fettsäuren (von pathologischen Störungen abgesehen).[4])

Die größte Beweiskraft haben Versuche, welche ergaben, daß auch bei Verfütterung eines vom Körperfett sehr verschiedenen Fettes das letztere direkt im Organismus aufgespeichert wurde, wo es sich dann leicht nachweisen ließ.

Winternitz[5]) fand bei der Verfütterung von Jodfetten, daß diese in die im Körper abgelagerten Fette und in das Milchfett übergehen.

Überhaupt zeigen die Jodfette — so das Sajodin, das Calciumsalz der Jodbehensäure, die durch Jodwasserstoffanlagerung an die im Rüböl enthaltene Erucasäure entsteht, sowie das Jodipin, das durch Anlagerung von Jod an Sesamöl erhalten wird — dieselben Resorptionsvorgänge im Organismus wie die Fette überhaupt.

Die Wirkung des Nahrungsfettes auf die Fettmenge im Tierkörper ist nach einigen Versuchen eine einseitige, indem eine Vermehrung nur die Menge des Milchfettes, nicht aber die der anderen Bestandteile erhöht.[6])

Die Wirkung des Nahrungsfettes auf die Beschaffenheit des Milchfettes steht fest, während der Proteingehalt der Nahrung in dieser Hinsicht ohne Einwirkung ist.[7]) Fettreichere Nahrung steigert den Fettgehalt der Milch sowohl absolut als auch prozentuell.[8])

---

[1]) Ibid., Bd. IX, S. 1.

[2]) Allgem. med. Zentralbl., 1901, Nr. 73.

[3]) Klien, Tierchemie, Bd. XIX, S. 166.

[4]) Weiske, Molkerztg., Bd. II, S. 483.

[5]) Zeitschrift f. physiol. Chemie, Bd. XXIV, S. 437, und Zeitschrift f. Biologie, Bd. XLIX, S. 561.

[6]) Chemiker-Zeitung, Bd. XXV, S. 951—953.

[7]) Morgen, Beyer und Fingerling, Zeitschrift f. Unters. der Nahrungs- u. Genußmittel, 1907, S. 565.

[8]) Fingerling, ebenda, S. 566.

Nach Heffter[1]) beeinflußt die Qualität des Nahrungsfettes nicht nur die Beschaffenheit des Muskelfettes, sondern auch die der anderen im Tierkörper produzierten Fette, z. B. des Wollfettes.

Weiser und Zaitschek[2]) fanden, daß Gänsefett dieselbe Zusammensetzung hat, auch wenn die Futterarten in der Zusammensetzung der Fette stark abweichen.

Munk fütterte einen fettarm gemachten Hund mit Hammeltalg. Das Körperfett des hierauf getöteten Tieres schmolz erst über 40°, bestand also vorwiegend aus dem Nahrungsfett.[3])

Ebenso lagerte ein mit Rüböl gefütterter Hund dieses ab.[4])

Das Leberfett eines anderen mit Hammeltalg gefütterten Hundes war mit Hammelfett identisch.[2]) Verfüttertes Hammelfett wurde sogar in Karpfen und Goldfischen, deren Körpertemperatur höchstens 15° beträgt, unverändert gefunden.[5])

Auch Lebedeff zeigte, daß Nahrungsfett direkt in die Zellen des Fettgewebes transportiert und dort abgelagert wird.[6])

Nach Abderhalden und Brahm (Zeitschr. f. phys. Chemie, Bd. LXV, 1910, S. 330) ist das Fett der Fettzellen abhängig vom Nahrungsfett, das der Körperzellen aber ist unabhängig, also spezifisch.

Im engsten Zusammenhang mit der Frage, ob das Nahrungsfett das Körperfett bildet (und der, in welcher Form jenes resorbiert wird), steht das Problem der Synthese des Fettes im Tierkörper.

Sowohl direkt verfütterte freie Fettsäuren als auch die, welche vom Fett, das im Darm gespalten wurde, stammen, werden im Organismus zum Teil unverändert mit Glyzerin zu Neutralfetten gepaart.

Es ist schon oben (s. Resorption) gezeigt worden, daß sowohl verfütterte Seifen, als auch im Darm aus Fett entstandene, wieder zu Fett regeneriert werden.

---

[1]) Heffters Technol. d. Fette, S. 25 (1907).

[2]) Pflügers Archiv, Bd. XCIII, S. 328.

[3]) Du Bois' Arch., 1883, S. 273.

[4]) Munk, Virchows Arch., Bd. XCV, S. 407.

[5]) Rosenfeld, Tierchemie, Bd. XXVII, S. 53.

[6]) Rosenfeld, ibid., Bd. XXX, S. 61.

Minkowski beobachtete z. B. nach Verfütterung von Erucasäure die Bildung von Erucin,[1]) ebenso Munk und Rosenstein.[2])

Damit sind auch die Einwände widerlegt, wie z. B., daß das nach Verfütterung von Fettsäuren auftretende Neutralfett aus dem vor Zerfall geschützten Fett des Eiweißes stamme oder zum Teil aus zerfallenen Dünndarmzellen gebildet sei.

Von besonderer Wichtigkeit ist die Beobachtung Munks, daß nach Fettsäuren-Verabreichung im Chylus wenig freie Fettsäuren, aber relativ viel Neutralfett vorhanden ist.

Auch im Kot eines Versuchstieres fanden sich nach Eingabe von (Hammel) Fettsäuren nur $^{2}/_{10}$ freie Säuren, $^{1}/_{10}$ Neutralfett und $^{7}/_{10}$ Seifen.[3])

Andere Versuche ergaben, daß nach Verfütterung von Neutralfett die Zusammensetzung von Darm- und Kotfett dieselbe ist, wie nach Fettsäureneingabe. Es müßte sich demgemäß ein gewisser Gleichgewichtszustand bilden.

Die Synthese des Fettes aus seinen Komponenten erfolgt nach Walther im Dünndarm.[4])

Daß alles Neutralfett der Lymphe aus Fettsäuren synthetisiert wird, ist nach früher angeführten Gründen zu bezweifeln.[5])

Jedenfalls spielen die Lipasen hiebei eine wichtige Rolle.

Da Versuche gezeigt hatten, daß das resorbierte Fett im Blute zum Teil in irgend einer Art von Bindung mit Eiweiß vorhanden ist, in welcher es nicht in Äther übergeht, so wurden auch Untersuchungen angestellt, wie sich das Verhältnis von gebundenem zu freiem Fett in gewissen Zuständen, die eine Fettwanderung verursachen, gestaltet,[6]) z. B. bei Phosphorvergiftung, Hunger, Schwangerschaft, Laktation.

---

[1]) Tierchemie, Bd. XVI, S. 42.

[2]) Du Bois' Arch., 1890, S. 581.

[3]) Ibid., 1890, S. 328.

[4]) Zentralblatt f. Physiol., Bd. IV, Nr. 19, S. 590.

[5]) Zentralblatt f. d. med. Wiss., 1888, Nr. 41.

[6]) Magyar Orvosi Archivum 9, Pharmakol. Institut Univ. Budapest, G. Mansfeld. — Vgl. auch A. Noll, «Über Fettsynthese im Darm-

Es wurde in allen Fällen ein Ansteigen des freien Fettes im Blute konstatiert. Nach einer Hypothese von Loewi, sowie auf Grund von Experimenten von Mansfeld dürfte dies einer Säurewirkung (Milchsäure) zuzuschreiben sein, derart etwa, daß das schutzkolloidal an Eiweiß gebundene Fett durch Säure seine Freimachung erfährt. Zu dieser Annahme veranlaßt auch die geringere Blutalkalität in genannten Zuständen.

Es kann also Fett nur in freier Form die Kapillarwände durchdringen, wird in den Organen gebunden und ausgenützt. In gewissen Fällen kann der Organismus aber kein Fett binden, es wird daher abgelagert und dient nicht als Nährstoff. Gebundenes Fett vermag nicht zu diffundieren, bis es durch chemische Veränderungen im Blute (Säurewirkung) frei gemacht worden ist.

Verdaulichkeit der Fette.

Im allgemeinen werden die Nahrungsfette um so leichter aufgenommen und somit ausgenützt, je niedriger ihr Schmelzpunkt ist. Nach Munk liegt diesbezüglich die Grenze für die Resorbierbarkeit bei ca. 53° (F. P.), denn Hammelfett wird noch resorbiert (F. 49—51°), während Lanolin (F. 53—56°) nicht mehr aufgenommen wird.[1]

Eine Bestätigung dieser Regel finden wir in der Tatsache, daß der Schmelzpunkt der Fettsäuren des Kotfettes um so höher ist, je besser die Resorption ist. Die niedriger schmelzenden Glyzeride werden folglich zuerst und schneller aufgenommen. Überhaupt haben die Säuren des Kotfettes fast immer höheren Schmelzpunkt als die des Nahrungsfettes.

Arnschrink teilt die Fette in drei Gruppen:[2])

1. F. P. unter Körpertemperatur. Resorption im Darmkanal bis auf 2—3%, z. B. Butter, Schweinefett.

2. F. P. wenig über Körpertemperatur. 7—11% bleiben unausgenützt, z. B. Hammelfett.

---

epithel des Frosches bei der Fettresorption», Arch. f. (Anat. u.) Physiol., 1909, S. 145—160.

[1]) Zentralbl. f. d. med. Wiss., 1888, Nr. 41.

[2]) Zeitschrift f. Biologie, Bd. XXVI, S. 434.

3. F. P. wesentlich höher. 86—91 % bleiben unausgenützt, z. B. Stearin.

Flüssige Öle und weiche Fette werden viel vollkommener verdaut als zähe Öle und feste Fette. Der Schmelzpunkt des Fettes zeigte nach Moore[1]) immer um so geringeren Einfluß auf die Verdaulichkeit, je näher er der Körpertemperatur stand. Gekochtes Fett schien leichter verdaulich zu sein.

Die bei einer wenig höheren Temperatur als die Körperwärme schmelzenden Fette gelangen nur zu geringem Teile zur Resorption. Munk erklärt dies so, daß diese Fette im Darmkanal eine salbenartige oder butterweiche Konsistenz annehmen und in dieser Form in die Zellen eindringen und weiterbefördert werden. Arnschrink dagegen nimmt an, daß die Zellen entweder auch kleinste Fettpartikelchen anzunehmen vermögen, oder daß die festeren Fette ausschließlich durch Überführung in Seife zur Aufnahme gelangen.

Anders liegen die Verhältnisse, wenn der Schmelzpunkt z. B. durch den Gehalt des Fettes an Glyzeriden niedriger Fettsäuren herabgedrückt ist; hierdurch wird die relative Verdaulichkeit des Fettes nicht erhöht, so daß die Verdaulichkeit noch von anderen Faktoren als bloß vom Aggregatzustand abhängen muß.

So wird z. B. nach Bourot und Jean von Kuhbutter 95,8 % verdaut, von Kokosbutter — Talin —, welche nur 1,15 % Glyzeride flüchtiger Fettsäuren enthält: 98 %.[2])

Es ist dies die beste Bestätigung der Versuchsergebnisse von A. Jolles bei seinen umfassenden vergleichenden Studien über die Verdaulichkeit von Margarine und Kuhbutter.[3])

Jolles fand auch die Emulsionsfähigkeit gleich, kurz vollkommen gleiche Verdaulichkeit und Nährwert.[4])

Lührig fand dasselbe, d. h. daß sogar Margarinefett um 1 % besser ausgenützt wird. Die Differenz rührt, wie der Beobachter sehr richtig anführt, von fast unvermeidlichen Ver-

---

[1]) Arkansas Agr. Stat. Bull., Bd. LXXVIII, S. 33.

[2]) Compt. rend., Bd. CXXIII, S. 587.

[3]) Revue des falsifications, 1894.

[4]) Monatsh., Bd. XV, S. 147.

suchsfehlern her. Beide Fette werden absolut gleich verdaulich sein, und die gefundenen Fettreste von anderen, nicht resorbierten Fetten der Nahrung stammen.[1])

Die einschlägigen Versuche von Kienzl ergaben nur wenig abweichende Zahlen,[2]) ebenso die von Ad. Mayer, der bei Verabreichung von Kuhbutter 2%, von Kunstbutter 4% unverdaut fand.[3]) (Bei der Bewertung dieser Fette ist, wie M. Jolles und Winkler gezeigt haben, die wesentliche Verschiedenheit im Gehalt an Keimen zu berücksichtigen.)[4])

Ob eine Relation zwischen Verseifungsgeschwindigkeit und Resorptionsgeschwindigkeit besteht, ist nicht bekannt. Wäre es der Fall, so würden alle unsere Nahrungsfette in dieser Beziehung gleichwertig sein, da Butter, Schweineschmalz, Margarine, Kokos- und Sesamöl, Cottonöl dieselbe Verseifungsgeschwindigkeit besitzen.[5])

Fettsäuren:

Radziejewski wies zuerst (1868) nach, daß Fettsäuren Nährwert haben.[6])

Wie groß dieser im Verhältnis zu dem des Neutralfetts ist, wurde noch nicht sichergestellt. Nach Munk zeigen die Fettsäuren die gleiche Eiweißersparnis, wie die aus ihnen darstellbare Glyzeridmenge; da Glyzerin kein Nährstoff ist, bewirken sie gleiche Eiweißersparnis wie die entsprechende Quantität Neutralfett.[7])

Indessen werden die Fettsäuren nach Frank[8]) schlechter resorbiert und geben überhaupt keinen vollkommenen Ersatz für Fett.[9])

Untereinander verhalten sie sich bis zu einem bestimmten Grade wie ihre Glyzeride: die festeren werden schlechter resorbiert als die leichter schmelzbaren, usw.

---

[1]) Zeitschrift f. Untersuch. v. Nahrungs- u. Genußm., Bd. II, S. 284.
[2]) Österr. Chem.-Ztg., Bd. I, S. 198.
[3]) Landwirtsch. Vers.-Stat., Bd. XXIX, S. 215.
[4]) Zeitschrift f. Hyg., S. 2060.
[5]) Lührig, Chemikerztg., 1900, Nr. 64.
[6]) Virchows Archiv, Bd. XLIII, S. 268.
[7]) Ibid., Bd. LXXX, S. 10.
[8]) Du Bois' Arch., 1894, S. 297.
[9]) L. Meyer, Zeitschrift f. physiol. Chemie, Bd. XL, S. 550.

Es kommt aber hier in Betracht, daß die Ausnützung niedrigerer Fettsäuren, z. B. Laurin- und Myristinsäure, nicht ganz gleich der der höheren ist. (Bei den Neutralfetten — Kokosöl — konnten solche Unterschiede nicht bemerkt werden, eher umgekehrt.)

Natürlich ist die Verbrennungswärme und damit der Wärmewert der Säuren (wie der Glyzeride) mit abnehmendem Molekulargewicht geringer. Doch schützen auch noch Fettsäuren mit noch kleinerem Molekulargewicht als die angegebenen Eiweiß vor dem Verbrauch, aber viel weniger als die höheren Säuren nach Versuchen von Ludwig F. Meyer.[1])

Was den Zerfall der Fettsäuren resp. deren Verbrennung im Tierkörper anbelangt, so haben die älteren Untersuchungen von Wöhler, Buchheim und seinen Mitarbeitern, ferner von Schotten nur gezeigt, daß die Säuren der Essigsäurereihe (Essigsäure — Capronsäure) als Salze vollkommen verbrannt werden.

Später hat Knoop für gemischte, fett-aromatische Karbonsäuren mit normaler, gesättigter, entständig phenylsubstituierter Seitenkette nachgewiesen, daß der Angriff des Oxydationsprozesses in der β-Stellung beginne und daß Säuren mit gerader Anzahl der C der Seitenkette bis zu Benzoesäure abgebaut werden, solche mit ungerader dagegen nur bis zu Phenylessigsäure.

Daran anknüpfend übertrug Embden die Tatsache der β-Oxydation auf das Gebiet der reinen normalen Fettsäuren. Er fand, daß bei der Durchblutung der überlebenden Leber aus gewissen Fettsäuren geringe Mengen von Azeton und vor allem Azetessigsäure gebildet wurde. Vgl. folg. Tabelle.

Man kann sich also vorstellen, daß z. B. aus der Oktylsäure durch β-Oxydation Kapronsäure, weiters Buttersäure, dann β-Oxybuttersäure, schließlich Azetessigsäure und Azeton wird.

Ähnliche Tatsachen fanden Baer und Blum, indem sie den Abbau von Fettsäuren zu β-Oxybuttersäure beim schweren Diabetes nachprüften. Sie konnten die Bildung von β-Oxybutter-

[1]) Zeitschr. für physiol. Chemie, Bd. XL, S. 550 (1904).

säure aus Fettsäuren mit normaler Kette und gerader C-Anzahl bestätigen.

Substanz	Bildung von CH_3COCH_2COOH
$CH_3 \cdot CH_2 \cdot CH_2 \cdot COOH$	+
$CH_3 \cdot CH_2 \cdot CH_2 \cdot CH_2 \cdot COOH$	—
$CH_3 \cdot CH_2 \cdot CH_2 \cdot CH_2 \cdot CH_2 \cdot COOH$	+
$CH_3 \cdot CH_2 \cdot CH_2 \cdot CH_2 \cdot CH_2 \cdot CH_2 \cdot COOH$	—
$CH_3 \cdot CH_2 \cdot CH_2 \cdot CH_2 \cdot CH_2 \cdot CH_2 \cdot CH_2 \cdot COOH$	+
$CH_3 \cdot CH_2 \cdot CH_2 \cdot CH_2 \cdot CH_2 \cdot CH_2 \cdot CH_2 \cdot CH_2 \cdot COOH$ . . .	—
$CH_3 \cdot CH_2 \cdot CH_2 \cdot CH_2 \cdot CH_2 \cdot CH_2 \cdot CH_2 \cdot CH_2 \cdot CH_2 \cdot COOH$	+

Berücksichtigt man das Vorkommen der fetten Säuren im tierischen Organismus, so ist hier das Vorkommen von Säuren mit nur gerader C-Zahl leicht erklärt und mit obigen Ergebnissen in Übereinstimmung zu bringen.

Die von Friedmann[1]) diesbezüglich erhobenen Zweifel und Einwände wurden in der Folgezeit von Dakin zugunsten obiger Tatsachen zum Teile zunichte gemacht, da dieser nachwies, daß man im Wasserstoffsuperoxyd ein geeignetes Mittel habe, um normale Fettsäuren leicht in β-Ketosäuren überzuführen. Allerdings ist es bis zum Augenblick nicht gelungen, (auf diesem Wege) β-Oxysäuren darzustellen, ebenso ist es nicht aufgeklärt, warum im tierischen Organismus gerade die Säuren mit gerader C-Anzahl Veränderungen erleiden.

Die folgenden Arbeiten zeigten, daß das Anwendungsgebiet für das Prinzip der β-Oxydation ein ziemlich beschränktes ist. So wies Magnus-Levy durch Fütterungsversuche nach, daß benzoylierte Aminosäuren (wie z. B. Benzoyl-d-l-Aminobuttersäure) fast quantitativ im Harn ausgeschieden werden, ebenso Friedmann, daß für die methylierten α-Aminosäuren mit normaler Kette die Knoopsche Hypothese von der β-Oxydation nicht zutrifft.

Im übrigen weiß man, daß der physiologische Abbau

[1]) Vgl. Wr. med. Klinik, 1909, Nr. 36, S. 1368 u. Nr. 37, S. 1398.

normaler und verzweigter Fettsäuren verschiedenen Gesetzmäßigkeiten unterliegt. Von Interesse wären folgende Arbeiten.

Durchblutungsversuch von Embden.

Substanz	Übergang in CH_3COCH_3
$\genfrac{}{}{0pt}{}{CH_3}{CH_3}\!>\!CH \cdot COOH$	—
$\genfrac{}{}{0pt}{}{CH_3}{CH_3}\!>\!CH \cdot CH_2 \cdot COOH$	+
$\genfrac{}{}{0pt}{}{CH_3}{CH_3}\!>\!CH \cdot CH_2 \cdot CH_2 \cdot COOH$	—

Nachfolgend Resultate von schwerem Diabetes, Baer u. Blum.

	Eingeführte Substanz	ging über in	
	$\genfrac{}{}{0pt}{}{CH_3}{CH_3}\!>\!\underset{\alpha}{CH} \cdot COOH$ . . .	$CH_3 \cdot CH(OH) \cdot COOH$	Milchsäure
	$\genfrac{}{}{0pt}{}{CH_3}{CH_3}\!>\!CH \cdot CH_2 \cdot COOH$.	$CH_3 \cdot CH(OH) \cdot CH_2 \cdot COOH$	β-Oxybuttersäure
	$CH_3 \cdot \overset{\beta}{CH}(CH_2 \cdot CH_3) \cdot CH_2 \cdot COOH$.	+	»
	$CH_3 \cdot \underset{\beta}{CH_2} \cdot \underset{\alpha}{CH}(CH_3) \cdot COOH$.	+	»
Dagegen	$CH_3 \cdot CH_2 \cdot CH(COOH) \cdot COOH$.	keine β-Oxybuttersäure.	

Folgende von Embden begonnene und von Friedmann fortgesetzte Versuchsreihe veranschaulicht das Verhalten dieser Fettsäuren bei der Leberdurchblutung.

Substanz		Übergang in $CH_3 . CO \cdot CH_2 . COOH$
Isovaleriansäure	$\genfrac{}{}{0pt}{}{CH_3}{CH_3}\!>CH \cdot CH_2 \cdot COOH$ . . .	+ (Embden)
α-Oxyiso-Valeriansäure	$\genfrac{}{}{0pt}{}{CH_3}{CH_3}\!>CH \cdot CH(OH) \cdot COOH$.	— (Friedmann)
β-Oxyiso-Valeriansäure	$\genfrac{}{}{0pt}{}{CH_3}{CH_3}\!>C(OH) \cdot CH_2 \cdot COOH$ . .	+ »
Brenzweinsäure	$\genfrac{}{}{0pt}{}{CH_3}{COOH}\!>CH \cdot CH_2 \cdot COOH$ . .	— »
Zitramalsäure	$\genfrac{}{}{0pt}{}{CH_3}{COOH}\!>C(OH) \cdot CH_2 \cdot COOH$.	— »

Also zeigt sich auch hier eine andere (von der β-Oxydationshypothese verschiedene) Gesetzmäßigkeit beim Abbau der Fettsäuren. Ähnliche Wahrnehmungen wurden auch bei den ungesättigten Fettsäuren gemacht. Folgend die bei der Leberdurchblutung von Friedmann gefundenen Resultate:

Eingeführte Substanz	Übergang in $CH_3 \cdot CO \cdot CH_2 \cdot COOH$
$\genfrac{}{}{0pt}{}{CH_3}{CH_3}\!>C = CH \cdot COOH$ Dimethylakrylsäure .	+
$\genfrac{}{}{0pt}{}{CH_3}{COOH}\!>C = CH \cdot COOH$ Zitrakonsäure	—
$\genfrac{}{}{0pt}{}{CH_3}{COOH}\!>C = CH \cdot CH_2COOH$ Mesakonsäure . .	—
$CH_3 \cdot CH = CH \cdot COOH$ Krotonsäure	+

Die Entstehung von Azetessigsäure ist hier nur durch intermediäre Bildung von β-Oxysäuren zu erklären, was auch experimentell bestätigt werden konnte.

Seifen.

Schwieriger als die Aufnahme der Fettsäuren ist die der Seifen.[1]) Daß sie resorbiert werden und im Organismus Neutralfett bilden, d. h. in diesem Sinne als Nahrungsmittel zu betrachten sind, ist schon hervorgehoben worden. —

Senator empfiehlt ihre Verwendung besonders für chronische Zehrkrankheiten und findet, daß sich Seife zum Fett wie Pepton zu Eiweiß verhält, d. h. jene sind primäre Verdauungsprodukte dieser[2])

(Wie die Fette verhalten sich die Äthylester der Fettsäuren. Vom Ester der Stearinsäure werden 13 %, von dem der Palmitinsäure 63 % ausgenützt. Im Darm erscheinen sie als Seifen und Neutralfett.)[3])

Glyzerin.

Wie die Verwertung des Glyzerins im tierischen Organismus erfolgt, ist noch nicht sicher bewiesen.

Nach Arnschrink[4]) verhält sich Glyzerin ähnlich den Neutralfetten bezüglich des Nähreffekts.

(In der Pflanze bildet das Glyzerin des Samenöles bei der Reifung Kohlenhydrate; Maquenne.[5]) Algen — wie Spirogyra nitida — gedeihen in einer Lösung von Glyzerin und Kalisalzen und häufen, trotz Ausschluß der Kohlensäureassimilation, Stärke in den Chlorophyllbändern an.[6])

C. Schmidt stellte 1850 die Behauptung auf, daß Glyzerin im Tierkörper Zucker bildet. Cremer[7]) konnte durch Versuche bestätigen, daß Glyzerin ein echter Dextrose- bezw. Glykogenbildner ist. Glyzerin ist der erste Stoff, bei dem die Glykosebildung durch echte Synthese im höheren Tier gesichert ist.

---

[1]) Jodlbauer, Chemikerztg., XXVII, Rep. S. 318.
[2]) Berl. klin. Wochenschrift, 1887, Nr. 13.
[3]) Frank, Zeitschrift f. Biol., Bd. XXXIII, S. 568.
[4]) Ztschr. f. Biologie, Bd. XXIII, S. 404.
[5]) Compt. rend., Bd. CXVII, S. 625.
[6]) Pokorny, Arch. f. Hyg., S. 1420.
[7]) Sitzungsber. d. Ges. f. Morphol. u. Physiol., München 1902, Heft 2.

Berthelot erhielt durch Digestion von Glyzerin mit Hodensubstanz gärungsfähigen Zucker.[1])

Nach Weiß, Salomon, Luchsinger, Finn und v. Mering verursacht Glyzerinverfütterung eine Vermehrung des Leberglykogens.[2])

Die Entstehung von Glykogen aus Glyzerin untersuchten auch Van Deen[3]) und Heynsius.[4])

Auch der pankreaslose Hund soll imstande sein, aus Glyzerin Zucker zu bilden, s. Anmkg. 2.

Die Untersuchungen von Sommer ergaben, daß durch Glyzerineingabe vielleicht eine Eiweißersparnis erzielt wird, indem kleine Mengen davon im Körper verbleiben,[5]) während nach Munk das Glyzerin den Eiweißumsatz gar nicht beeinflußt und nur ein isodynamer Teil Fett vor Verbrennung geschützt wird.[6]) Nach Leo[7]) wird ein Teil des im Magen abgespaltenen Glyzerins im Sinne Pflügers gleichzeitig mit den Fettsäuren im Darme resorbiert und zur Fettsynthese verwendet.

Neuere Untersuchungen von Testa[8]) ergaben, daß die Darreichung von Glyzerin hemmend auf den Fettverbrauch des Organismus einwirkt.

Im Gegensatz dazu finden Horbaczewski und Kanera nach Glyzerineingabe den Eiweißumsatz vergrößert.[9])

Lüthje glaubt endgültig bewiesen zu haben, daß Glyzerin ein Zuckerbildner ist;[10]) nach Pflüger haben aber Lüthjes Versuche nicht genügende Beweiskraft. — Dubois[11]) fand eine beträchtliche Verlangsamung der Gallensekretion bei Hunden, bei denen reines Glyzerin in einen Zweig der V. mesenterica

---

[1]) Ann. d. chim. phys. (3), Bd. L, S. 346.
[2]) Lüthje, Tierchemie, Bd. XXXII, S. 690.
[3]) Arch. f. holländ. Beiträge, Bd. III, S. 25 u. 61.
[4]) Studien d. physiol. Inst. zu Amsterdam, 1861, Bd. LVII.
[5]) Zentralbl. f. Physiol., Bd. XIII, S. 581.
[6]) Pflügers Arch., Bd. XLVI, S. 303.
[7]) Berliner klin. Wochenschr., 1902, S. 1141—1143.
[8]) Arch. d. Farmac., Bd. V, S. 260.
[9]) Monatsh., Bd. VII, S. 105.
[10]) Arch. f. klin. Med., Bd. LXXX, S. 98 (1904).
[11]) Compt. rend. soc. biolog., Bd. LIX, S. 376.

sup. und in eine Milzvene injiziert wurde. Immerhin ist ersichtlich, daß das Glyzerin — wie ja bei seiner nahen Verwandtschaft zu den Kohlenhydraten nicht anders zu erwarten ist — im Tierkörper Verwendung findet.

Bildung von Körperfett aus der nichtfetten Nahrung.

(Pflanzen: Nach Nägeli und Löw bildet sich bei Schimmelpilzen Fett aus Albuminaten.[1]) Für die Hefezellen soll hingegen eine Fettbildung aus N-haltigem Material ausgeschlossen sein.[2]) Die Fettbildung bei der Käsereifung ist nach Jacobsthal kein Beweis für die Umwandlung von Eiweiß in Fett beim Tier, da die Pilze viel mehr synthetische Fähigkeiten hätten als die tierischen Zellen.[3])

Eine Bildung von Fett aus Leim ist nach den Versuchen von Pettenkofer und Voit unwahrscheinlich.[4])

Die Umwandlung von Eiweiß in Fett ist bis jetzt nur bei niedrigen Tieren mit völliger Sicherheit erwiesen.[5]) Ernährung mit Eiweiß allein ist auch bei einem Fleischfresser nicht möglich, neben Eiweiß muß ein gewisses Minimum an Fett gereicht werden, wenn der Fettbestand des Körpers nicht angegriffen werden soll. (Horbaczewski).[6])

Für die höheren Tiere haben Pettenkofer und Voit durch Versuche, die aber nicht stichhaltig sind, zu beweisen versucht,[7]) daß Nahrungseiweiß bald in Harnstoff und Fett, bald in Harnstoff und Kohlenhydrate zerfällt. Für diese Umwandlung ist auch H. v. Liebig eingetreten, und zwar sollen 100 Teile Eiweiß 14 Teilen Fett entsprechen, während nach Voit das Verhältnis 100 : 51 ist.[8])

---

[1]) Journ. f. pr. Chem., Bd. XXI, S. 97.
[2]) Duclaux, Ann. de l'Inst. Pasteur, Bd. LXXXIX, Nr. 413.
[3]) Pflügers Arch., Bd. LIV, S. 484.
[4]) Virchows Arch., Bd. LIV, S. 484.
[5]) Virchows Arch., Bd. CI, S. 91.
[6]) Tierchemie, Bd. XXXI, S. 715.
[7]) Hofmann, Zeitschrift f. Biol., Bd. VIII, S. 159.
[8]) Zeitschrift f. Biol., Bd. VI, S. 377, u. Bd. VII, S. 434.

Auch die Versuche von Kaufmann erscheinen nicht beweiskräftig genug.[1])

Nach Soxhlet bildet ein kleiner Teil des Eiweißes der Nahrung Körperfett.[2]) Beche und Buxton[3]) berichten über die Produktion von Fett aus Eiweiß durch den Bacillus pyocyaneus.

Gegenüber Pettenkofer und Voit vertrat besonders Pflüger die Ansicht, die Umwandlung sei wohl theoretisch möglich, aber nicht erwiesen.[4])

Ebenso bestreitet Muneo Kumagawa, daß Körperfett normalerweise aus Eiweiß stammt.[5]) Stosse[6]) zeigt, daß aus Eiweißstoffen bei Mazeration ohne Antiseptika sich Bakterien bilden, die Fett erzeugen. Durch welchen Mechanismus Fett aus Eiweiß entsteht, ist nicht festgestellt.

Schließlich wies Rosenfeld nach, daß bei der sogenannten fettigen Degeneration das Fett nicht aus Eiweiß gebildet wird.[7])

Die Bildung von Fett aus Kohlenhydraten ist durch sehr zahlreiche Untersuchungen ganz einwandfrei bewiesen.

Für niedrige Pilze wurde der bezügliche Beweis von Naegeli und Loew, für Bakterien von Lyons erbracht.[8])

Frühere diesbezügliche Angaben von v. Wolff,[9]) von Schulze[10]) und anderen erhielten die erste maßgebendere Bestätigung von Tscherwinsky.

Er fand bei Fütterungsversuchen an Schweinen, daß die Tiere 2,6, beziehungsweise 4,3mal soviel Fett ansetzten, als sie aus dem Eiweiß und Fett der Nahrung hätten bilden können.[11])

Die verläßlichsten Resultate ergaben die Versuche, welche

---

[1]) Tierchemie, Bd. XI, S. 54.

[2]) Arch. de physiol., Bd. XXVIII, S. 767.

[3]) Amer. Journ. of physiol., Bd. XII, S. 466.

[4]) Pflügers Arch., Bd. LI, S. 229, 290; Tierchemie, Bd. XXIV, S. 41.

[5]) Arch. f. Hyg., Bd. XXVIII, S. 30.

[6]) Arch. internat. de physiolog., Bd. I, S. 348—358.

[7]) Tierchemie, Bd. XXXII, S. 344.

[8]) Arch. f. Hyg., Bd. XXVIII, S. 30.

[9]) Tierchemie, Bd. IX, S. 327.

[10]) Landw. Jahrbücher, Bd. I, S. 57.

[11]) Landw. Vers.-Stat., Bd. XXIX, S. 317.

nach der Methode von Pettenkofer und Voit im Pettenkoferschen Respirationsapparat vorgenommen wurden. Dieser ermöglicht erst eine genaue Ermittlung aller Einnahmen und Ausgaben beim Stoffwechsel des Versuchstieres.[1])

Meissl und Strohmer fanden so bei Fütterung eines Schweines mit Reis, daß 10mal so viel Fett entstand, als aus dem Eiweiß der Nahrung allein hätte entstehen können. Von der zugeführten Stärke wurden 21,5% in Fett umgewandelt.[2])

Nach Zeitschek[3]) wird vom Huhn bei Fütterung mit Mais und Milch ein Fett erzeugt, das sich in der Zusammensetzung dem Butterfett nähert.

Nach Fischer[4]) ist zur Bildung von Fett aus Kohlenhydraten die Mitwirkung von Proteinstoffen erforderlich.

Außerordentlich umfangreiche Versuche, welche bewiesen, daß die Kohlenhydrate auch im Organismus von Wiederkäuern ganz sicher zur Fettbildung verwendet werden, wurden angestellt von Kühn, Thomas, Martin, Lankisch, König, Mohr, Böttcher, Koch, Waage, Mieltke, Köhler, Lösche, Gerhard und Kellner.[5])

Zwischen Fleisch- und Pflanzenfressern besteht in dieser Beziehung kein Unterschied, was aus den Versuchen von Voit und Lehmann, sowie von Rubner hervorgeht.[6])

Daß speziell die Leber imstande ist, Fett aus Kohlenhydrat (Zucker) zu bilden, sollen Versuche von Plosz beweisen, welcher nach Verfütterung fettarmer Nahrung im getöteten Tiere die Darmzotten ohne Fett, aber Fett in der Leber fand.[7])

Die damit verknüpfte Frage nach dem Ursprung des Fettes bei lokalen Verfettungen im Tierkörper ist schon a. a. O. besprochen worden. Später zeigte Magnus-Levy, daß in der autolysierten Leber eine Buttersäurgärung unter Wasserstoff-

---

[1]) Voit, Tierchemie, Bd. XV, S. 51.
[2]) Sitzungsber. d. Wr. Akad., Bd. III, S. 88 (1883).
[3]) Pflügers Archiv, Bd. XCVIII, S. 614.
[4]) Fühlings landwirtsch. Zeitg., 1904, S. 363, 412, 448.
[5]) Landw. Vers.-Stat., Bd. XLIV, S. 257.
[6]) Zeitschrift f. Biol., Bd. XXII, S. 272.
[7]) Tierchemie, Bd. XXIX, S. 68.

und Kohlensäureentwicklung verläuft, ganz analog der bakteriellen Gärung.[1]) Magnus-Levy glaubt, daß es möglich ist, auf Grund dieser Beobachtung den Chemismus der Entstehung von Fett — oder Fettsäuren — aus den Kohlenhydraten zu erklären.

Die aus der Milchsäure sich abspaltende Verbindung mit einer Kette von 2 Kohlenstoffatomen könnte Azetaldehyd sein, der sich dann polymerisiert und dabei vom gebildeten Wasserstoff reduziert wird:

$$9\,C_3H_6O_3 = 9\,C_2H_4O + 9\,H_2 + 9\,CO_2$$
$$9\,C_2H_4O + 7\,H_2 = C_{18}H_{36}O_2 + 7\,H_2O.$$

Vorläufig ist es nicht gelungen, diese Reaktion auf chemischem Wege auszuführen, so daß man den angegebenen Reaktionsmechanismus als vollkommen hypothetisch bezeichnen muß.

Bildung von Kohlenhydrat aus Fett.

Wie im tierischen Organismus eine Umwandlung von Kohlenhydrat in Fett — oft in allergrößtem Maßstabe (Mast) — erfolgt, so geht auch der umgekehrte Prozeß: Bildung von Zucker aus Fett, vor sich. Eine Reihe von Forschern vertritt die Ansicht, daß die Muskelarbeit nur auf Kosten des Glykogengehaltes des Körpers erfolgt. Es müßte dann bei entsprechender Ernährung viel Fett zur Glykogenerzeugung verwendet werden. — Nach Rosenfeld[2]) steigt der Glykogengehalt, wenn Fett schwindet. — Daß in Ölsamen aus Fett Kohlenhydrate entstehen, ist schon lange festgestellt.[3])

Vom Seidenwurm wird während des Verpuppens Fett unter Bildung von Glykogen aufgebraucht.[4])

Seegen wies nach, daß die Leber imstande ist, Zucker aus Fett zu bilden. Bei Fettfütterung unter Ausschluß von Kohlenhydraten betrug die Ausfuhr von Zucker aus der Leber eines Versuchstieres im Minimum 2-300 g in 24 Stunden. Der Zucker konnte nicht aus Albuminaten stammen.

---

[1]) Tierchemie, Bd. XXXII, S. 504.

[2]) Verhandl. d. Kongr. f. innere Med., Bd. XIX, S. 518—523.

[3]) Sachs, Botanische Ztg., 1859.

[4]) Couvrer, Compt. rend. soc. biol., Bd. XLVII, S. 796.

Diese Fähigkeit der Zuckerbildung soll auch der überlebenden Leberzelle innewohnen.[1])

Die Versuche Seegens wurden von Weiss wiederholt, der die Resultate bestätigte.[2])

Chauveau sieht einen Beweis für solche Zuckerbildungen darin, daß verhungerte Tiere bis zuletzt Kohlenhydrate im Blut enthalten, was nur erklärlich sei, wenn diese aus anderen Körperteilen stammen.[3]) Seine Annahme, daß das aufgenommene Fett überhaupt nicht direkt zur Leistung der Muskelarbeit verwendet werden könne, stützt sich nur auf folgende Beobachtung: Der respiratorische Quotient eines arbeitenden Individuums zeigte nach Einnahme von 105 g Butter nach kurzer Zeit noch keine bedeutendere Veränderung![4])

Sace bemerkte, daß Murmeltiere während des Winterschlafes an Gewicht zunehmen. Regnault und Reiset erklärten dies durch den Nachweis, daß die Tiere doppelt so viel Sauerstoff aufnehmen, als sie Kohlensäure abgeben. Es wird daher wahrscheinlich bei geringem Stoffwechsel Fett zu Kohlenhydraten oxydiert.[5])

Nach Kaufmann verwenden glykogenarme Tiere bei Fettfütterung einen Teil des Nahrungsfettes zur Zuckerbildung.[6])

Rumpf[7]) und Rosenqvist[8]) beobachteten Zuckerbildung aus Fett in schweren Fällen von Diabetes mellitus. Pflüger[9]) stellte das Fett als Quelle des Zuckers sicher und widerlegte Magnus-Levys mathematischen Beweis, daß das Eiweiß und nicht das Fett den diabetischen Zucker liefert. Hartogh und Schumm konstatierten dieselbe Erscheinung bei Fettver-

---

[1]) Pflügers Arch., Bd. XXXIX, S. 132.

[2]) Zeitschrift f. physiol. Chemie, Bd. XXIV, S. 542.

[3]) Comp. rend., Bd. CXXII, S. 1098.

[4]) Chauveau, Tissot d. de Vorigny, Compt. rend., Bd. CXXII, S. 1169.

[5]) Compt. rend., Bd. CXXII, S. 1098.

[6]) Compt. rend. soc. biol., Bd. XLVIII, S. 414.

[7]) Berl. klin. Wochenschr., 1899, Nr. 9, S. 185.

[8]) Ibid., Nr. 28, S. 612.

[9]) Pflügers Arch., Bd. CVIII, S. 443.

fütterung unter Phloridzinbehandlung, wobei die Entstehung des Zuckers aus Eiweiß ganz ausgeschlossen war.[1])

Von anderen konnte aber bei Phloridzindiabetes eine solche Zuckerbildung nicht bemerkt werden.[2])

In jüngster Zeit wiederholten Abderhalden und Rona die Versuche Seegens mit negativem Resultat. Sie wenden sich daher gegen die Beweiskraft derselben, ohne die Zuckerbildung im lebenden Organismus deshalb anzuzweifeln.[3])

Demgegenüber hält Pflüger an den Resultaten von Seegen fest und wiederholt, daß auch bei Digestion von Leberbrei mit Fett und Fettsäuren tatsächlich die Bildung von Zucker erfolgt.[4])

Daß ein Zusammenhang zwischen Fett und Kohlenhydrat im Organismus besteht, zeigt die Ausscheidung von β-Oxybuttersäure und Azeton, die im Harn meist zugleich mit Traubenzucker auftreten. Es spricht viel für die Annahme, daß die Fette die Muttersubstanz der Azetonkörper sind. Die Derivate der höheren Fettsäuren können leicht an der Stelle, an der ein H durch irgend eine Gruppe ersetzt ist, gesprengt werden. Von den niederen Fettsäuren können Azetonkörper gebildet werden aus der β-Oxybuttersäure, Buttersäure, Kapronsäure, Isovalerian-, Oxyvaleriansäure usw. In ähnlicher Weise kann man von einigen Derivaten zur Milchsäure gelangen, und auf diesem Wege wäre dann eine Zuckerbildung möglich, indem die Milchsäure durch β-Oxydation in die Dioxypropionsäure (Glyzerinsäure) übergehen könnte, deren Aldehyd den einfachsten Zucker (eine Triose) darstellt.[5])

Während dem im tierischen Organismus sich abspielenden Umwandlungsprozeß: Kohlenhydrat ⟶ Fett ein entgegengesetzter: Fett ⟶ Kohlenhydrate gegenübersteht, liegen natürlich die Verhältnisse bezüglich des Eiweißes ganz anders und wesentlich verwickelter. Ein Einfluß des Nahrungsfettes auf

---

[1]) Arch. f. exp. Path. u. Pharmak., Bd. XLV, S. 11.

[2]) Kumagava u. Hayashi, Tierchemie, Bd. XXVIII, S. 613.

[3]) Zeitschrift f. physiol. Chemie, Bd. XLI, S. 303 (1904).

[4]) Pflügers Arch., Bd. CIII, S. 1 (1904).

[5]) Borchardt, Zentralbl. f. Physiol. u. Pathol. d. Stoffwechsels, 1906, Nr. 21.

das Körpereiweiß ist nur insofern vorhanden, als das erstere das Eiweiß vor dem Verbrauch «schützen» kann.

Hierzu bemerkt Rosenfeld,[1]) daß Fett sich als Zulage zu sonst ausreichender Kost ganz anders verhält, als wenn es zum Ersatz eines Teiles der Nahrung gereicht wird. Im ersten Fall wirkt es eiweißsparend; ersetzt man aber das Kohlenhydrat der Nahrung ganz oder z. T. durch Fett, so tritt ein bedeutendes Stickstoffdefizit ein. Durch den Mangel an Kohlenhydrat entgehen die Fette der Verbrennung und das Kaloriendefizit wird durch Einschmelzung von Körpereiweiß gedeckt.

Die Bedeutung der Fette für die Ernährung des Tierkörpers liegt darin, daß sie von allen Nährstoffen die höchsten Wärmewerte besitzen und daher die bedeutendste Wärmequelle des Organismus darstellen. Zudem ist ihre Ausnützbarkeit die größte, in vielen Fällen, nach Bourot und Jean, Jolles, Lührig und anderen fast quantitativ. Sie können bis zu einem gewissen Grad Eiweiß sparen, was aber vielfach bestritten wurde und zum Teil noch angezweifelt wird.

Auf die Fettbildung im Tierkörper sind außer der Nährstoffzunahme noch andere Momente von Einfluß. So reduziert sich bei mechanischer Arbeitsleistung der Fettansatz bedeutend. Ruhe vermindert den Fettverbrauch und begünstigt die Fettmast. Der Fettansatz steigert sich auch bei Lichtentzug; doch nimmt bei längerer Dauer desselben der günstige Einfluß der Dunkelheit auf den Fettansatz ab, weil bei andauerndem Verweilen im Dunkeln ein gewisser krankhafter, bleichsuchtartiger Zustand eintritt, der die gesamte Ernährung ungünstig beeinflußt.[2])

Pettenkofer und Voit vertraten die Ansicht, daß Fett im Organismus schwerer zerfällt als Eiweiß, dieses also überhaupt nicht vor Verbrennung schützen kann. Es soll vielmehr umgekehrt das Eiweiß — d. h. das Fett aus dem Eiweiß — das Nahrungsfett schützen.[3])

Später bekämpfte besonders Pflüger die Anschauung von

[1]) Berl. klin. Wochenschr., 1906, S. 976.

[2]) Heffter, Technol. d. Fette, 1907, S. 29.

[3]) Zeitschrift f. Biol., 1873, Bd. IX, Heft 1.

der eiweißsparenden Funktion der Fette. Das Eiweiß sei die einzige Quelle der Muskelkraft.[1])

Die stickstofffreie Nahrung werde überhaupt nur dann zersetzt, wenn das Eiweiß allein das Nahrungsbedürfnis nicht befriedigen kann.[2]) Nach Voit kommt, wenn ausreichend Eiweiß zugeführt wird, der Fettstoffwechsel ganz zur Ruhe.[3])

Nach Pflüger ist die Größe des Eiweißstoffwechsels von der Eiweißzufuhr abhängig, die Größe des Fettstoffwechsels aber von der Fettzufuhr ganz unabhängig; damit wäre natürlich Eiweißersparnis durch Fett ganz unvereinbar[4])

Während also Pflüger, das Eiweiß als einzige Quelle der Muskelkraft — als Urnahrung — ansieht, alle anderen Stoffe aber nur als Surrogate bezeichnet, führt Seegen aus, daß es ganz gleichgültig ist, welches Material dem Körper zugeführt wird, wenn er aus demselben nur Blutzucker, das Brennmaterial des Organismus, bilden kann.[5])

Auch nach Fick wird bei der mechanischen Arbeit der Muskeln nur Glykogen verbraucht; dabei entsteht Wärme gewissermaßen als Nebenprodukt. Reicht die so erzeugte Wärmemenge nicht aus, so wird dann erst Fett verbrannt.[6])

Johansen und Koraen untersuchten, inwieweit die direkt aus der Nahrung aufgesaugten Stoffe bei der Muskelarbeit zersetzt werden, und fanden, daß, wenn der Glykogenvorrat des Körpers verbraucht ist, die Teilnahme des Körperfettes an der Zersetzung gesteigert wird.[7])

Diesen Arbeiten stehen jedoch jetzt so viele, die Eiweiß sparende Wirkung des Fettes beweisende Untersuchungen gegenüber, daß diese als sichergestellt erscheint.[8])

Horbaczewsky und Kanera fanden, daß diese Wirkung ähnlich der diesbezüglichen der Kohlenhydrate ist.[9])

[1]) Pflügers Arch., Bd. L, S. 98 u. 330.
[2]) Ibid., Bd. LII, S. 1—79.
[3]) Ibid., Bd. LXXVII, S. 425 u. a. a. O.
[4]) Ibid., Bd. CIII, S. 34.
[5]) Ibid., Bd. L, S. 319 u. 385.
[6]) Tierchemie, Bd. XXII, S. 33.
[7]) Skand. Arch. f. Physiol., Bd. XIII, S. 251.
[8]) Z. B. Debore u. Flamant, Zentralbl. f. d. med. Wiss., 1887, Nr. 21.
[9]) Monatsh., Bd. VII, S. 105.

Schulz beobachtete, daß das Tier beim Hungern in erster Linie Körperfett verbrennt (welches ja wieder vornehmlich aus dem Nahrungsfett stammt, siehe oben), man erkennt dies an der außerordentlichen Erhöhung des Fettgehaltes des Blutes, da das Fett nicht in den Depots, sondern im Blut verbrannt wird.[1])

Laas konstatierte bei Zusatz von Fett zu früher reiner Fleischnahrung Verminderung der Stickstoffausfuhr.[2])

Das Fett ist jedoch den Kohlenhydraten als Eiweißsparer nicht gleichwertig. Voit und Bischoff fanden, daß zur Verminderung des Eiweißumsatzes doppelt so viel Fette als Kohlenhydrate nötig sind, obwohl nach den Wärmewerten das umgekehrte Verhältnis bestehen sollte. Zu demselben Resultate gelangte Kayser.[3])

Eine Erklärung dafür sucht Chauveau darin, daß beim arbeitenden Individuum ein großer Unterschied zwischen isoenergetischen und isotrophischen Mengen von Fett und Zucker besteht. Die Nährstoffmengen sind soweit isotroph, als sie gleiche Mengen Glykose, bezw. Glykogen bilden. «Die isotrophischen Mengen haben die Tendenz, sich mit den isoglykogenetischen zu identifizieren.» Die Arbeit der Muskeln werde nur vom Glykogen geleistet (siehe oben), daher geht bei der notwendigen Umwandlung des Fettes in Glykogen ein großer Teil des dynamischen Wertes verloren.

Zucker ist daher dem Fett selbst bei kalorisch-schwächeren Mengen überlegen.[4])

Viel häufiger wird aber die Ansicht vertreten, daß die Nährstoffe sich im wesentlichen in jenen Mengen substituieren, welche gleichem Gehalt an Energie entsprechen.

So ist nach Rubner (u. a.) der Gesamtstoffwechsel meßbar durch die Summe der kalorischen Werte der zersetzten Stoffe.[5])

«Bis auf einen kleinen (?) Teil Eiweiß ist es gleichgültig,

---

[1]) Pflügers Arch., Bd. LXV, S. 299.

[2]) Zeitschrift f. physiol. Chemie, Bd. XX, S. 233.

[3]) Du Bois' Arch., 1893, S. 371.

[4]) Tierchemie, Bd. XXVIII, S. 615.

[5]) Zeitschrift f. Biol., Bd. XIX, S. 313.

welche Stoffe dem Körper zugeführt werden, d. h. die Nährstoffe können sich gegenseitig in gewissen Verhältnissen vertreten.»

So entsprechen z. B. 100 Teile Fett:

	Nach gleichem O-Verbrauch	Nach Tierversuch	Nach der Verbrennungswärme
Teile Eiweiß	193	211	201
» Glukose	263	256	243
» Rohrzucker	249	234	231
» Stärke	240	232	221

Bezüglich der Vertretungswerte von Fett- und Kohlenhydraten wahrt Kellner die Priorität gegenüber Rubner.[1])

Die Wärmewerte, welche Rubner experimentell fand, stimmen ganz mit den kalorimetrisch berechneten überein.[2])

100 g Fett entsprechen:

	Gefunden:	Berechnet:
Syntonin	225	213
Muskelfleisch	243	235
Glykose	256	255
Rohrzucker	234	235
Stärkemehl	232	229

Zahlreiche Bestimmungen der Verbrennungswärmen von Nährstoffen hat Stohmann mit Hilfe des Berthelotschen Apparates ausgeführt.[3])

Zahlen für Fleisch und einige Fette:

Fettfreies Fleisch	5662,6
(Mittelwert für Eiweiß)	5730,8
Olivenöl	9467—9608
Leinöl	9488—9439
Butterfett	9231,3

Es braucht wohl nicht besonders hervorgehoben zu werden, daß die Verbrennungswärmen nur insoweit Bedeutung haben, als die betreffenden Stoffe im Organismus tatsächlich vollständig verbrannt werden. Im allgemeinen sind die Verbrennungswärmen der verschiedenen Fettarten ziemlich ähnlich. Bei der Ausnützung im Organismus kommen aber auch andere

[1]) Zeitschrift f. physiol. Chemie, Bd. XII, S. 113.
[2]) Zeitschrift f. Biol., S. 2240.
[3]) Ibid., Bd. XXXI, S. 364.

Faktoren in Betracht, wie Löslichkeit, Schmelzpunkt usw. Nach Versuchen von Atwater[1]) werden im Organismus 91,1 % des Eiweißes, 94,8 % des Fettes und 96,8 % der Kohlenhydrate ausgenützt.

Aus vielen Arbeiten geht hervor, daß — bis auf die bestimmte Eiweißmenge — die drei Hauptklassen der Nährstoffe sich in weitgehender Weise gegenseitig vertreten können. Es ist daher auch nicht möglich, den Fettbedarf des Menschen genauer anzugeben. (Im allgemeinen ist bekanntlich der Fettbedarf bei niedriger Temperatur ein größerer.)

R. O. Neumann stellte in einer außerordentlich umfassenden, vorzüglichen Arbeit die Resultate von 307 Versuchen über diesen Gegenstand zusammen und weist nach, daß es unmöglich ist, ein einheitliches Kostmaß für alle Klassen (der Bevölkerung) aufzustellen.[2]) Wie sehr sich der Organismus verschiedener Nahrung anpassen kann, ist ersichtlich aus der Gegenüberstellung der Maximal- und Minimalwerte, die von dem genannten Forscher für Fett, Kohlenhydrate und Eiweiß gefunden wurden.

Anhang.

Wollfett, Lanolin.

Im Wollfett kommt eine Anzahl von esterartigen Verbindungen vor, welche im chemischen Sinne mit den eigentlichen nahe verwandt sind.

Das natürliche Wollfett ist wiederholt genauerem Studium unterzogen worden,[3]) so daß wir heute über seine Zusammensetzung ziemlich genau orientiert sind. Es besteht aus einem Gemisch von Alkoholen (vorwiegend Cholesterin, Isocholesterin, Oxycholesterinen, Cerylalkohol, Carnaubylalkohol) und Fettsäuren (Lanocerin-, Lanopalminsäure, Myristin-, Carnaubasäure, sowie geringe Mengen niederer Fettsäuren) teils frei, teils als Ester gebunden, und überdies einigen Prozenten natürlicher Kaliseifen. Es ist also vor den übrigen Fetten ausgezeichnet durch das Fehlen von Glyzerin sowie durch das Vorhandensein von

[1]) Amer. Journ. physiol., Bd. X, S. 30—31.
[2]) Arch. f. Hyg., Bd. XLV, S. 1.
[3]) Monatsh. f. prakt. Dermatol., Bd. 45 (1907).

Isocholesterin, Oxycholesterin, Lanocerin- und Lanopalminsäure; die letzten vier Körper fehlen in keinem Wollfett. Cholesterin dagegen ist für Wollfett nicht charakteristisch, da es auch sonst im Pflanzen- und Tierreiche anzutreffen ist (Olivenöl, Trane usw).

«Lanolin», gereinigtes Wollfett, enthält nur weniger von Cholesterinen und von Lanocerinwachs.

«Cholesterinfette» (Cholesterinester) sind Ester der drei Cholesterine, von denen die des Cholesterins in der kleinsten Menge vorhanden sind.

An dieser Stelle möge der Gang der Zerlegung des Wollfettes, wie er von Darmstädter und Lifschütz[1]) ausgearbeitet wurde, schematisch mitgeteilt werden.

Partielle Verseifung mit wenig alkohol. Lauge

- A (Säuren und Neutralstoffe) Lanocerin-, Carnaubasäure, Lactone, wenig Alkohole
- B (unverseifter Rest)
  - Behandlung mit Amylalkohol in der Wärme
    - C (Wollwachs)
      - Totale alkohol. Verseifung
        - E (Säuren)
          - Lanocerin-, Lanopalmin-, Myristin-, Carnauba- } Säure
        - F (Alkohole)
          - Cholesterin
          - Ceryl-, Cornaubyl- } Alkohol
    - D (Weichfett)
      - Totale alkohol. Verseifung
        - G (Säuren)
          - Myristin-, Carnauba- } Säure
        - H (Alkohole)
          - Behandlung mit kaltem Methylalkohcl
            - J (Fraktion I) Isocholesterin
            - K (Fraktion II) Alkohol IIa, Alkohol IIb, Alkohol IIc } (jetzt Oxycholesteringruppe).

[1]) Ber. d. D. Chem. Ges., Bd. 28, S. 3133; Bd. 29, S. 618; Bd. 29 S. 1474 u. 2890; Bd. 31, S. 97 u. 1122.

Typisch für das Wollfett sind von diesen Körpern das Isocholesterin, die Oxycholesterine, Carnaubylalkohol, Lanocerin- und Lanopalminsäure. Alle anderen Körper kommen auch sonst sehr häufig in der Natur vor.

Als Reaktionen für Wollfett können also nur folgende gelten: der Nachweis von Isocholesterin (Schulze),[1] Oxycholesterin (Lifschütz), Lanocerin- und Lanopalminsäure (Lifschütz und Darmstädter).

Man prüft gewöhnlich mittels der Lifschützschen Eisessig-Schwefelsäure-Reaktion auf Oxycholesterin (wenige Milligramm Substanz in Eisessig gelöst und mit konz. H_2SO_4, 4—8 Tropfen. versetzt, geben zunächst eine Grünfärbung, die nach 10—15^h über Grüngelb in Braun übergeht) und stellt sodann in einer zweiten Probe die Liebermannsche Cholestol-Reaktion auf Cholesterin und Isocholesterin an (mit Essigsäureanhydrid und konzentrierter Schwefelsäure eine Violettfärbung, die in Grün übergeht. Beide Körper kann man am besten gleichzeitig an ihren Absorptions-Spektren erkennen.[1])

Die 3 Reaktionen gelten nur für diese 3 freien Alkohole. nicht für ihre Ester.

Isocholesterin kommt in der menschlichen Haut nie, Oxycholesterin im Comedonen-, Fußschweiß- und Handschweißfette vor, ferner im Nagelfett. Cholesterin wurde nachgewiesen im Fuß- und Handschweiß, im Oberhaut- und Hornschichtfett, in der vernix caecosa, im Ohrenschmalz und im Subcutisfett.[2])

Die Entstehung von Cholesterin haben wir uns nach J. Lifschütz aus Oleinsäure vorzustellen, da es ihm gelang, aus dieser durch Eisessig und Permanganat tatsächlich Cholesterin und diesem verwandte Produkte darzustellen.[3])

---

[1]) Schulze u. Urich, J. f. pr. Ch. [2] Bd. VII, S. 263 und Bd. IX, S. 321; Ber. d. deutsch. chem. Gesellschaft, Bd. XXXI, S. 1200.

[2]) Vgl. P. G. Unna u. Golodetz, Die Hautfette, Biochem. Zeitschrift, Bd. 20, H. 6 (1909).

[3]) Zeitschrift f. physiol. Chemie, Bd. 55, S. 1—7; vgl. Bd. 50, S. 436—39.

I.

1. Gesättigte Fettsäuren.

a) normale.

$C_4H_8O_2$ **Buttersäure**	flüssig Sdp. 162°	in Kuhbutter, Schweiß	—
$C_6H_{12}O_2$ **Capronsäure**	flüssig Sdp. 205°	in Kuhbutter	—
$C_8H_{16}O_2$ **Caprylsäure**	F. 16,5° Sdp. 236—237°	in Kuhbutter Kokosfett	—
$C_{10}H_{20}O_2$ **Caprinsäure**	F. P. 31° S. P. 268° (100 mm: 200°) in heiß. H_2O s. w. lösl.	in der Kuhbutter, Kokosöl, Fuselölen	Chevreul, Recherches sur les corps gras, S. 143.
$C_{11}H_{22}O_2$ **Undekansäure (-yl)**	F. 28,5° S. b. 100 mm: 212,5° H_2O unlösl.	synthetisch	Krafft, Ber., Bd. XI, S. 2219.
$C_{12}H_{24}O_2$ **Laurinsäure**	F. 43,6° S. b. 100 mm: 225°	im Lorbeer, Kokosöl, Wallrat	Marsson, Ann., Bd. XLI, S. 330.
$C_{13}H_{26}O_2$ **Tridekansäure (-yl)**	F. 40,5° S. (100 mm): 236°	synthetisch	Krafft, Ber., Bd. XII, S. 1669.
$C_{14}H_{28}O_2$ **Myristinsäure**	F. 53,8° S. (100 mm): 250,5°	im Muskat, Kokos, Dika, Rindergalle	Playfair, Ann., Bd. XXXVII, S. 155.
$C_{15}H_{30}O_2$ **Pentadekansäure**	F. 51° S. (100 mm): 257°	synthetisch	Krafft, Ber., Bd. XII, S. 1671.
$C_{16}H_{32}O_2$ **Palmitinsäure**	F. 62,6° S. (100 mm): 268,5°	in allen tier. Fetten pfl. bes. Palmöl	Frémy, Ann., Bd. XXXVI, S. 44.

$C_{17}H_{34}O_2$ **Margarinsäure**	F. 60°	synthetisch	Heintz, Pogg. Ann., Bd. 102. S. 257.
$C_{18}H_{36}O_2$ **Stearinsäure**	F. 69,3° S. (100 mm): 291°	in fast allen Fetten	Pébal, Ann., Bd. XCI, S. 138.
$C_{19}H_{38}O_2$ **Nondekansäure**	F. 66,5° S. (100 mm): 297°	synthetisch	Schweizer, J. 1884, S. 1193.
$C_{20}H_{40}O_2$ **Arachinsäure**	F. 77°	in der Butter, Erdnuß	Gössmann, Ann., Bd. LXXXIX, S. 1.
$C_{22}H_{44}O_2$ **Behensäure**	F. 84°	im Behenöl	Völcker, Ann., Bd. LXIV, S. 342.
$C_{24}H_{48}O_2$ **Lignocerinsäure**	F. 80,5°	i. Buchenholzteerparaffin u. Erdnuß	Hell, Hermanns, Ber., Bd. XIII, S. 1713.
$C_{25}H_{50}O_2$ **Hyaenasäure**	F. 77—78°	i. Analdrüsentaschen der Hyaena striata	Carius, Ann., Bd. CXXIX, S. 168.
$C_{26}H_{52}O_2$ **Cerotinsäure**	F. 78,5°	im Bienen- u. Carnaubawachs, Wollschweiß	Brodie, Ann., Bd. LXVII. S. 180.
$C_{30}H_{60}O_2$ **Melissinsäure**	F. 91°	im Bienenwachs	Marie, Ann. de chimie [7] Bd. VII, S. 145.

b) Isomere (verzweigte Kette) [in der Natur vorkommend].

$C_4H_8O_2$ **Isobuttersäure**	flüssig Sdp. 154—156°	in Sesamölen	—
$C_5H_{10}O_2$ **Isovaleriansäure**	flüssig Sdp. 174°	in Delphintranen	—

$C_6H_{12}O_2$ **Isobutylessigsäure**	flüssig Sdp. 200° (730 mm)	in Kuhbutter, Kokosfett	—
$C_{11}H_{22}O_2$ **Umbellulsäure**	F. 21—23° S. 275—280°	im kalif. Lorbeerbaum	Stillmann, O'Neill, Ann., Bd. IV, S. 206.
$C_{12}H_{24}O_2$?	F. 57,5°	in der Kakaobutter	Kingzett, Ber., Bd. X, S. 2243.
$C_{13}H_{26}O_2$ **Ficocerylsäure**	F. 57°	im Godangwachs (von ficus cerifllua)	Greshoff u. Sack, Rec. . . . . des Pays Bas 1901, Bd. XX, S. 65.
$C_{14}H_{28}O_2$ **Isomyristinsäure**	F. 28,2°	im indischen Geraniumöl	Flatau, Labbé, Compt. r., Bd. CXXVI, S. 1876.
$C_{15}H_{30}O_2$ **Isocetinsäure**	F. 55°	im Jatropha Curcas	Bouis, Jb. 1854, S. 462.
$C_{15}H_{30}O_2$ **Lactarsäure**	F. 70°	in Agaricus integer und Lactarius piperatus	Thörner, Ber., Bd. XII, S. 1636.
$C_{17}H_{34}O_2$? **Margarinsäure**	F. 59,9°	im Leichenwachs	Ebert, Ber., Bd. VIII, S. 775.
$C_{17}H_{34}O_2$ **Daturinsäure**	F. 54,5°	in Datura strammon.	Gérard, Bull. Soc. chim. [3] Bd. V, S. 96.
$C_{17}H_{34}O_2$? **Heptadecylsäure**	F. —	im Schweinefett	Kreis und Hafner, Ber., Bd. XXXVI, S. 2767.
$C_{24}H_{48}O_2$ **Gingkosäure**	F. 35°	in Gingko biloba	Schwarzenbach, Jb. 1857, S. 529.

$C_{24}H_{48}O_2$ **Carnaubasäure**	F. 72,5°	im Carnaubawachs, im Kaffeewachs	Stürcke, Ann., 223, S. 306. Hans Meyer, Monatsh. f. Chemie, 1911.
$C_{24}H_{48}O_2$ **Pisangcerylsäure**	F. 71°	im Pisangwachs	Greshoff u. Sack Rec. .... d. Bays Bas 1901, Bd. XX, S. 65.

Erstarrungspunkte von Fettsäuregemischen.

Stearinsäure + Palmitinsäure.
(de Visser.)[1]

Prozente Palmitinsäure	0	10	20	30	40
Schmelzpunkt	69,32°	67,02°	64,51°	61,73°	58,76°
	46	48	50	52	54
	56,85°	56,50°	56,42°	56,40°	56,39°
	56	58	60	62	64
	56,36°	56,25°	56,11°	55,88°	55,62°
	66	68	70	75	80
	55,38°	55,12°	54,85°	55,46°	56,53°
	85	90	100		
	57,80°	59,31°	62,62°.		

Schmelzpunkte von Fettsäuregemischen.

Stearinsäure + Palmitinsäure.
(W. Heintz.)[2]

Prozente Palmitinsäure	0	10	20	30	40	50	60	70
Schmelzpunkt	69,2°	67,2°	65,3°	62,9°	60,3°	56,6°	56,3°	55,1°

Prozente Palmitinsäure	80	90	100
Schmelzpunkt	57,5°	60,1°	62,0°.

Stearinsäure + Myristinsäure.
(Heintz.)

Prozente Myristinsäure	0	10	20	30	40	50	60	70
Schmelzpunkt	69,2°	67,1°	65,0°	62,8°	59,8°	54,5°	50,4°	48,2°

Prozente Myristinsäure	80	90	100
Schmelzpunkt	47,8°	51,7°	53,8°.

---

[1]) de Visser, Rec. trav. chim. Pays Bas 1898, Bd. XVII, S. 182 und 346.

[2]) Heintz, Pogg. Annalen, Bd. XCII, S. 588 (1854); zitiert nach Ostwald, Allgem. Chemie, II. Aufl., Bd. I, S. 1016.

Stearinsäure + Laurinsäure.

(Heintz.)

Prozente Laurinsäure	0	10	20	30	40	50	60	70
Schmelzpunkt	69,2°	67,0°	64,7°	62,0°	59,0°	55,8°	50,8°	43,3°

Prozente Laurinsäure	80	90	100
Schmelzpunkt	38,5°	41,5°	43,6°.

Palmitinsäure + Myristinsäure.

(Heintz).

Prozente Myristinsäure	0	10	20	30	40	50	60	70
Schmelzpunkt	62,0°	60,1°	58,0°	54,9°	51,5°	47,8°	47,0°	46,2°

Prozente Myristinsäure	80	90	100
Schmelzpunkt	49,5°	51,8°	53,8°.

Palmitinsäure + Laurinsäure.

(Heintz.)

Prozente Laurinsäure	0	10	20	30	40	50	60	70
Schmelzpunkt	62,0°	59,8°	57,4°	54,4°	51,2°	47,0°	40,1°	38,3°

Prozente Laurinsäure	80	90	100
Schmelzpunkt	37,1°	41,5°	43,6°.

Myristinsäure + Laurinsäure.

Prozente Laurinsäure	0	10	20	30	40	50	60	70
Schmelzpunkt	53,8°	51,8°	49,6°	46,7°	43,0°	37,4°	36,7°	35,1°

Prozente Laurinsäure	80	90	100
Schmelzpunkt	38,5°	41,3°	43,6°.

Bezüglich der Schmelzpunkte eines Daturin-Palmitinsäuregemisches sei auf die Arbeit von H. Meyer u. Beer, Monatshefte f. Chemie 1912, verwiesen.

2. Ungesättigte Fettsäuren.

Ölsäurereihe $C_nH_{2n-2}O_2$.

$C_5H_8O_2$ **Tiglinsäure**	F. 64,5°	im Krotonöl	—
Norm.? $C_{10}H_{18}O_2$?**Dekakrylsäure**	F. 86°	im Kork	Siewert, Zeitschr. f. Chem., 1868, S. 383.
$C_{11}H_{20}O_2$ **Undekylensäure**	F. 24,5°	im Ricinusöl	Krafft, Ber., Bd. X, S. 2035.

$C_{12}H_{22}O_2$	flüssig	in Cochenille	Raimann, M., Bd. VI, S. 896.
$C_{14}H_{26}O_2$	—	in Cochenille	Raimann, M., Bd. VI, S. 895.
$C_{15}H_{28}O_2$ **Cimicinsäure**	F. 43,8—44,2°	in der grauen Blattwanze und in Spinnengeweben	Carius, Ann., Bd. CXIV, S. 147.
$C_{16}H_{30}O_2$? **Hypogäasäure**	F. 33°	im Erdnußöl?	Gössmann, Ann., Bd. XCIV, S. 230.
$C_{16}H_{30}O_2$ **Hypogäasäure**	—	synthetisch	Bodenstein, Ber., Bd. XXVII. S. 3398.
$C_{16}H_{30}O_2$ **Gaïdinsäure**	F. 39°	elaid. Isomeres der Hypogäasäure	Gössmann, Ann., Bd. XCIX, S. 307.
? $C_{16}H_{30}O_2$ **Physetölsäure**	F. 30°	in Wallrat, Robbenf.	Hofstätter, Ann., Bd. XCI, S. 177.
? $C_{16}H_{30}O_2$[1] **Lycopodiumölsäure**	flüssig	in Lycopodiumsporen	Langer, Ber., Bd. XXII, S. 341.
$C_{18}H_{34}O_2$ **Ölsäure**	F. 14° S (100 mm) 286°	fast in allen Fetten	
$C_{18}H_{34}O_2$ **Elaïdinsäure**	F. 51—52° S (100 mm) 288°	elaid. v. Ölsäure	Boudet, Ann., Bd. IV, 11.

[1]) Hat jedenfalls keine normale Struktur!

$C_{18}H_{34}O_2$ **Isoölsäure**	F. 44—45°	synthetisch	Saytzeff, J. pr. [2], Bd. XXXV, S. 386.
$C_{18}H_{34}O_2$ **Rapinsäure**	flüssig	im Rüböl	Reimer u. Will, Ber., Bd. XX, S. 2387, vgl. Zellner, Monatsh. 1896, S. 309.
? $C_{19}H_{36}O_2$ **Jekoleinsäure**	—	im Dorschlebertran	—
$C_{19}H_{36}O_2$ **Döglingsäure**	flüssig	Döglingtran	Scharling, Jahresber. 1847/48.
$C_{20}H_{38}O_2$ **Eikosensäure**	F. 50°	synthetisch	Bodenstein, Ber., Bd. XXVII, S. 3403.
$C_{22}H_{42}O_2$ **Erucasäure**	F. 33—34°	Rüböl, Senf	Darby, Ann., Bd. LXIX, S. 1.
$C_{22}H_{42}O_2$ **Brassidinsäure**	F. 65—66°	elaid. d. Erucasäure	Hausknecht, Ann., Bd. CXLIII, S. 54.
$C_{22}H_{42}O_2$ **Isoerucasäure**	F. 54—56°	synthetisch	Alexandrow, Saytzeff, Journ. russ. chem. Ges., Bd. XXIV, S. 486.
$C_{27}H_{52}O_2$ **Cerotolsäure**	F. 70°	»	Hesse, Ann., Bd. CCLXXI., S. 223.

Linolsäurereihe $C_nH_{2n-4}O_2$.

$C_6H_8O_2$ **Sorbinsäure**	F. 134,5°	in Vogelbeeren	Hofmann, Ann., Bd. CX, S. 129.
$C_{18}H_{32}O_2$ **Elaeomargarinsäure** [1]	F. 48°	in Elaeoc. vernic.	Tokuhei Kametaka, Journ. chem. soc. 1903, S. 1042.
$C_{18}H_{32}O_2$ **Elaeostearinsäure**	F. 71°	elaid. Isom. der Elaeomargarainsäure	Maquenne, Compt. rend. Bd. XIII, S. 135 u. 697.
$C_{18}H_{32}O_2$ **Linolsäure**	flüssig	in Leinöl und allen trockn. Ölen	Sacc. u. a., Ann., Bd. LI, S. 213.
$C_{18}H_{32}O_2$ **Hanfölsäure**	flüssig	im Hanföl, Olivenöl	Bauer, Hazura, Monatsh. VII, S. 217.
? $C_{18}H_{32}O_2$ **Hirseölsäure**	»	Hirseöl	Kassner, Ber., Bd. XXI, S. 142.
? $C_{18}H_{32}O_2$ **Taririnsäure**	F. 50,5°	in Picramnia Low	Arnaud, Bull., Bd. III, S. 7 u. 233.
$C_{18}H_{32}O_2$ **Telfairiasäure**	flüssig, Erstarrungsp. 6°	im Telfairiaöl	Thoms, Archiv d. Pharm., Bd. CCXXXVIII, S. 54 (1900).

[1]) Cloëz (Bull. soc. chim., Bd. XXVI, S. 286), der die Säure im japanischen Ölfirnisbaum fand, gab die Formel $C_{17}H_{30}O_2$ und nannte sie daher Eleaomargarinsäure.

Reihe der Linolensäure $C_nH_{2n-6}O_2$.

Linolensäure	$C_{18}H_{30}O_2$	flüssig	Bauer und Hazura,
Isolinolensäure	»	»	Monatsh., Bd. VII, S. 216
			» » IX, » 459, 180
			» » X, » 242
			» » VIII » 260.
? $C_{18}H_{30}O_2$ **Jecorinsäure**		in Fischtranen	Staudinger, Ber., Bd. XXXVIII, S. 1735 (1905).

3. Oxyfettsäuren.

a) $C_nH_{2n}O_3$.

$C_{14}H_{28}O_3$ **Oxymyristinsäure**	F. 51°	in Angelica Archang. L.	Müller, Ber., Bd. XIV, S. 2480.
$C_{15}H_{30}O_3$ **Oxypentadekylsäure**	F. 84°	in Anglica Archang. L.	Ciamician, Silber, Ber., Bd. XXIX, S. 1813.
? $C_{16}H_{32}O_3$ **Lanopalminsäure**	F. 87—88°	im Wollfett	Darmstädter, Lifschütz, Ber., Bd. XXIX, S. 2891.
$C_{17}H_{34}O_3$ **Oxymargarinsäure**	F. 80°	im Leichenwachs	Ebert, Ber., Bd. VIII, S. 1775.
$C_{18}H_{36}O_3$ **α-Oxystearinsäure**	F. 84—85°	aus Isoölsäure mittels Vitriolöl	Saytzew, J. pr. Ch. [2], Bd. XXXVII, S. 284.
$C_{18}H_{36}O_3$ **β-Oxystearinsäure**	F. 83—85°	aus Ölsäure mittels Schwefelsäure	Saytzew, J. pr. Ch. [2], Bd. XXXV, S. 369.

$C_{20}H_{40}O_3$ **Oxyarachinsäure**	F. 91—92°	künstlich	Baczewsky, Monatsh., Bd. XVII, S. 534.
? $C_{21}H_{42}O_3$? nur als Anhydrid isolierbar	F. 103,5° des Anhydrides	im Carnaubawachs	Stürcke, Ann., Bd. CCXXIII, S. 310.
$C_{22}H_{44}O_3$ **Oxybehensäure**	F. 96—97°	synthetisch	Fileti, Gazzetta chim. ital., Bd. XXVII, Abtlg. II, S. 298.
$C_{26}H_{52}O_3$ **Oxycerotinsäure**	F. 86,5°	»	Marie, Ann. chim. [7], Bd. VII, S. 227.
$C_{27}H_{54}O_3$ **Oxycerotinsäure**	F. 82°	in den Cocablättern	Hesse, Ann., Bd. CCLXXI, S. 222.
$C_{30}H_{60}O_3$ **Oxymelissinsäure**	F. 96,5°	künstlich	Marie, Ann. chim. [7], Bd. VII, S. 233.
$C_{31}H_{62}O_3$ **Coccerinsäure**	F. 92—93°	in Cochenille	Liebermann, Ber., Bd. XVIII, S. 1980.

b) Ungesättigte Oxysäuren, $C_nH_{2n-2}O_3$.

$C_{16}H_{30}O_3$ **Oxyhypogäasäure**	F. 34°	alt. Lycopod.-Sporen	Langer, Ber., Bd. XXII, S. 341.
$C_{18}H_{34}O_3$ **Ricinolsäure**	F. 16—17°	Ricinusöl	Saalmüller, Ann., Bd. LXIV, S. 108.
$C_{18}H_{34}O_3$ **Ricinelaidinsäure**	F. 50°	elaid. v. Ricinolsäure	Playfair, Ann., Bd. LX, S. 322.
$C_{18}H_{34}O_3$ **Oxyölsäure**	flüssig	synthetisch	Burg, Overbeck, Ann., Bd. CXL, S. 69.

$C_{22}H_{42}O_3$ **Oxyerucasäure**	flüssig	synthetisch	Haussknecht, Ann., Bd. CXLIII, S. 51.
$C_{22}H_{42}O_3$ **Oxybrassidinsäure**	F. 80°	»	Holt, Ber., Bd. XXV, S. 963.

c) Dioxyfettsäuren, $C_nH_{2n}O_4$.

$C_{18}H_{36}O_4$ **Dioxystearinsäure**	F. 141—143°	im Ricinusöl	Juillard, Bull. [3], Bd. XIII, S. 238.
$C_{30}H_{60}O_4$ **Lanocerinsäure**	F. 104—105°	im Wollfett	Darmstädter, Lifschütz, Ber., Bd. XXVIII, S. 3133.

II.

1. Monoglyzeride.

1. Unbestimmter Stellung.

		Schmelzpunkt	
Monocerotin	$C_{29}H_{58}O_4$	78,8°	Marie, A. ch. (7), S. 201.
Momomelissin	$C_{33}H_{66}O_4$	91,5°	Ibid.

2. α-Monoglyzeride.

Monobutyrin	$C_7H_{14}O_4$	flüssig S. 269°	Guth, Ch. Zentrbl., 1903, Bd. I, S. 133.
Monoisobutyrin	$C_7H_{14}O_4$	» 264—266°	Ibid.
Monoisovalerin	$C_8H_{16}O_4$	flüssig	Berthelot, Chim. org., Bd. XX, S. 84.
Monolaurin	$C_{15}H_{30}O_4$	FP. 59°	Krafft, Ch. Zentrbl., 1904, Bd. I, S. 433.
Monomyristin	$C_{17}H_{34}O_4$	» 68°	Krafft, Ber., 1903, S. 4343.
Monopalmitin	$C_{19}H_{38}O_4$	» 72°	Guth, Zentrbl., 1903, Bd. I, S. 133.
Monostearin	$C_{21}H_{42}O_4$	» 78°	Krafft, » 1904, Bd. I, S. 433.
Monoolein	$C_{21}H_{40}O_4$	» 35°	(Berthelot) Krafft.
Monostearolin	$C_{21}H_{38}O_4$	40,5°	Quensell, Ber., Bd. XLII (1909), S. 2440.
Monobehenolin	$C_{25}H_{46}O_4$	50,5°	Ibid.

3. β-Monoglyzeride.

Monolaurin	$C_{15}H_{30}O_4$	FP. 61°	Grün und Weyrauch, Diss., Zürich 1911.
Monomyristin	$C_{17}H_{34}O_4$	» 69°	
Monopalmitin	$C_{19}H_{38}O_4$	» 75°	
Monostearin	$C_{21}H_{42}O_4$	» 80°	Grün u. Theimer, Ber., Bd. XL, S. 1992 (1907).

2. Diglyzeride.

a) Einfache

		Schmelzpunkt	
αα-Dilaurin	$C_{27}H_{52}O_5$	55°	Grün, Habilitationsschrift.
αβ-Dilaurin	$C_{27}H_{52}O_5$	56°	Reinhardt, Dissert. Zürich.
αα-Dimyristin	$C_{31}H_{60}O_5$	65°	Grün, Habilitationsschrift.
αβ-Dimyristin	$C_{31}H_{60}O_5$	62°	Grün und Theimer, Ber., Bd. XL, S. 1794.
αα-Dipalmitin	$C_{35}H_{68}O_5$	70°	Guth, Zeitschr. f. Biol., Bd. XLIV, S. 26, I, 78.
αβ-Dipalmitin	$C_{35}H_{68}O_5$	67,2°	Guth, Ibid.
αα-Distearin	$C_{39}H_{76}O_5$	76 (58)°	Grün, Habilitationsschrift.
αβ-Distearin	$C_{39}H_{76}O_5$	77,5°	» »
αα-Diarachin	$C_{43}H_{84}O_5$	75°	Berthelot, Chim. org.
Dicerotin	$C_{55}H_{108}O_5$	79,5°	Marie, Ann. Chim., Bd. VII (7), S. 202.
Dimelissin	$C_{63}H_{124}O_5$	89°	Marie, Ibid.
Diolein	$C_{39}H_{72}O_5$	10—15°	Berthelot, Chim. org. synth.
Dierucin	$C_{47}H_{89}O_5$	47°	Reimer und Will, Ber., Bd. XIX, S. 3322.
Dibrassidin	$C_{47}H_{88}O_5$	65°	Reimer und Will, Ber., Bd. XX, S. 2386.
αα-Distearolin	$C_{39}H_{68}O_5$	38,5°	Quensell, Ber., Bd. XLII (1909), S. 2440.
αβ-Distearolin	$C_{39}H_{68}O_5$	40°	Quensell, Ibid.
αα-Dibehenolin	$C_{47}H_{84}O_5$	42°	» »
αβ-Dibehenolin	$C_{47}H_{84}O_5$	43°	» »

b) Gemischte

α-Stearo-α-Myristin	$C_{35}H_{68}O_5$	52—53°	Grün u. Skopnik, Ber., Bd. XLII, S. 3750.
α-Stearo-α-Laurin	$C_{33}H_{64}O_5$	52—53°	Grün u. Skopnik, Ibid.
α-Lauro-α-Myristin	$C_{29}H_{56}O_5$	40—42°	» » » »

3. Triglyzeride.

a) Einfache

		Schmelzpunkt		
Triacetin	$C_9H_{14}O_5$	flüssig	Chevreul.	
Tributyrin	$C_{15}H_{26}O_6$	flüssig	»	
Triisovalerin	$C_{18}H_{32}O_6$	—	»	
Tricaproin	$C_{21}H_{38}O_6$	— 25°	Scheij.	
Tricaprylin	$C_{27}H_{50}O_6$	8°	»	
Tricaprin	$C_{33}H_{62}O_6$	31,1°	»	Rec., Bd. XVIII, S. 193.
Trilaurin	$C_{39}H_{74}O_6$	46,4°	»	Ibid.
Trimyristin	$C_{45}H_{86}O_6$	56,6°	»	»
Tripalmitin	$C_{51}H_{98}O_6$	65,1°	»	»
Tristearin	$C_{57}H_{110}O_6$	71,6°	»	»

a) Einfache		Schmelzpunkt	
Triarachin	$C_{63}H_{122}O_6$	—	Berthelot, Ann. Chim. (3), Bd. XLVII, S. 255.
Tricerotin	$C_{84}H_{164}O_6$	77°	Marie, Ann. Chim. (7), S. 202.
Trimelissin	$C_{93}H_{182}O_6$	89°	» Ibid.
Triolein	$C_{57}H_{104}O_6$	flüssig	Berthelot, Chim. org. synth.
Trielaidin	$C_{57}H_{104}O_6$	32°	Meyer, Ann., Bd. XXXV, S. 177.
Trierucin	$C_{69}H_{128}O_6$	31°	Reimer u. Will, Ber., Bd. XX, S. 2386.
Tribrassidin	$C_{69}H_{128}O_6$	47°	» » » Ibid.
Triricinolein	$C_{57}H_{104}O_6$	flüssig	Juillard, Bull. soc. Chim. (3), Bd. XIII, S. 244.
Tristearolin	$C_{57}H_{98}O_6$	29°	Quensell, Ber., Bd. XLII, 1909, S. 2440.
Tribehenolin	$C_{69}H_{122}O_6$	41°	» Ibid.

b) Zweifach gemischte Triglyzeride		Schmelzpunkt	
α-Myristo-αβ-Dilaurin	$C_{41}H_{78}O_6$	41°	Grün u. Theimer, Ber., Bd. XL, S. 1799 (1907).
β-Myristo-αα-Dilaurin	$C_{41}H_{78}O_6$	39,5°	Grün u. Schacht, Ber., Bd. XL, S. 1787 (1907).
α-Lauro-αβ-Dimyristin	$C_{43}H_{82}O_6$	45°	Grün u. Theimer, Ber., Bd. XL, S. 1798 (1907).
β-Lauro-αα-Dimyristin	$C_{43}H_{82}O_6$	46,5°	Grün u. Schacht, Ber., Bd. XL, S. 1787 (1907).
Laurodimyristin	$C_{43}H_{82}O_6$	36°	Grün u. Schacht, Ibid.
α-Stearo-αβ-Dilaurin	$C_{45}H_{86}O_6$	46°	Grün u. Theimer, Ber., Bd. XL, S. 1799 (1907).
β-Stearo-αα-Dilaurin	$C_{45}H_{86}O_6$	37,5°	Grün u. Schacht, Ber., Bd. XL, S. 1796 (1907).
α-Lauro-αβ-Distearin	$C_{51}H_{98}O_6$	52,5°	Ibid.
»	»	49°	Grün u. Theimer, Ber., Bd. XL, S. 1796 (1907).
β-Lauro-αα-Distearin	$C_{51}H_{98}O_6$	52,5° (68,5°)	Grün u. Schacht, Ber., Bd. XL, S. 1782 (1907).
α-Myristo-αβ-Distearin	$C_{53}H_{102}O_6$	62°	Grün u. Theimer, Ber., Bd. XL, S. 1796 (1907).
α-Myristo-αβ-Distearin	$C_{53}H_{102}O_6$	57° 65°	Grün u. Schacht, Ber., Bd. XL, S. 1784 (1907).
β-Stearo-αα-Dipalmitin	$C_{53}H_{102}O_6$	60°	Guth, Zeitschr. f. Biol., Bd. XLIV (26), I, S. 98.
α-Stearo-αβ-Dipalmitin	$C_{53}H_{102}O_6$	60°	Ibid.
β-Palmito-αα-Distearin	$C_{55}H_{106}O_6$	62°	Kreis u. Hafner, Ber., Bd. XXXVI, S. 2717 (1903).
α-Palmito-αβ-Distearin	$C_{55}H_{106}O_6$	63,2°	Ibid., S. 1123.

b) Zweifach gemischte Triglyzeride		Schmelzpunkt	
β-Lauro-αα-Dipalmitin	$C_{47}H_{90}O_6$	50°	Weyrauch, Diss. Zürich 1911.
β-Myristo-αα-Dipalmitin	$C_{49}H_{94}O_6$	53°	Ibid.
β-Oleo-αα-Dipalmitin	$C_{53}H_{100}O_6$	38–39°	Kreis u. Hafner, Ber., Bd. XXXVI, S. 1129 (1903).
α-Oleo-αβ-Dipalmitin	$C_{53}H_{100}O_6$	37–38°	Ibid.
β-Oleo-αα-Distearin	$C_{57}H_{108}O_6$	42°	Hafner, Diss. 1904.
α-Oleo-αβ-Distearin	$C_{57}H_{108}O_6$	42°	Ibid.
Elaidodistearin	$C_{57}H_{108}O_6$	61°	Henriques und Künne, Ber., Bd. XXXII, S. 387 (1899).

c) Dreifach gemischte Triglyzeride		Schmelzpunkt	
α-Stearo-β-Lauro-α-Myristin	$C_{47}H_{90}O_6$	42°	Skopnik, Diss. Zürich 1909.
α-Lauro-β-Stearo-α-Myristin	$C_{47}H_{90}O_6$	37—38°	Ibid.
α-Stearo-β-Myristo-α-Laurin	$C_{47}H_{90}O_6$	48—49°	»

III.

1. Die Alkohole der Wachsarten.

A. Gesättigte.

		Schmelzpunkt
Pisangcerylalkohol	$C_{13}H_{28}O$	78°
Cetylalkohol	$C_{16}H_{34}O$	50°
Octodecylalkohol	$C_{18}H_{38}O$	59°
Carnaubylalkohol	$C_{24}H_{50}O$	68—69°
Aus dem Bienenwachs	$C_{24}H_{50}O$	—
	$C_{25}H_{52}O$	—
Cerylalkohol	$C_{26}H_{54}O$	79°
Isocerylalkohol	$C_{27}H_{56}O$	62°
Myricylalkohol	$C_{30}H_{62}O$	85—88°
Psyllostearylalkohol	$C_{33}H_{68}O$	68—70°
Tarchonylalkohol	$C_{50}H_{102}O$	—

B. Ungesättigte.

Vitol	$C_{17}H_{34}O$	—
Cerosin	$C_{24}H_{48}O$	—
Lanolinalkohol?	$C_{12}H_{24}O$	102—104°
Aus dem Cochenillewachs	$C_{36}H_{72}O$	66,6°
Ficocerylalkohol	$C_{17}H_{28}O$	198°

C. Zweiwertige.

Aus dem Carnaubawachs	$C_{25}H_{52}O_2$	103,5°
Coccerylalkohol	$C_{30}H_{62}O_2$	101—104°

2. Wachsester.

		Schmelzpunkt
Palmitinsäurecetylester	$C_{15}H_{31}COOC_{16}H_{33}$	53,5°
Palmitinsäurecerylester	$C_{15}H_{31}COOC_{26}H_{53}$	79°
Palmitinsäuremyricylester	$C_{15}H_{31}COOC_{30}H_{61}$	72°
Melissinsäuremyricylester	$C_{29}H_{59}COOC_{30}H_{61}$	—
Cerotinsäurecerylester	$C_{25}H_{51}COOC_{26}H_{53}$	82,5°
Psyllostearylsäurepsyllostearylester	$C_{32}H_{65}COOC_{33}H_{65}$	—
Cerotinsäuremyricylester	$C_{28}H_{51}COOC_{30}H_{61}$	—
Palmitinsäuredodekylester	$C_{15}H_{31}COOC_{12}H_{25}$	41°
Palmitinsäuretetradekylester	$C_{15}H_{31}COOC_{14}H_{29}$	48°
Palmitinsäureoktadekylester	$C_{15}H_{31}COOC_{18}H_{37}$	59°
Stearinsäurecetylester	$C_{17}H_{35}COOC_{16}H_{33}$	55—60°
Coccerinsäurecoccerylester	$C_{29}H_{59}COOC_{30}H_{61}$	106°

IV.

Cholesteringruppe.

		Schmelzpunkt
Cholesterin	$C_{26}H_{44}O$	147°
Isocholesterin	$C_{26}H_{44}O$	137—138°
Phytosterin	$C_{26}H_{44}O$	137—138°
Sitosterin	$C_{27}H_{44}O$	137,5°
Bombycesterin	—	148°
Cholesterinpalmitat	$C_{15}H_{31}COOC_{26}H_{43}$	77°
Cholesterinstearat	$C_{17}H_{35}COOC_{26}H_{43}$	65°
Cholesterincerotat	$C_{25}H_{51}COOC_{26}H_{43}$	85,5°
Cholesterinoleat	$C_{17}H_{33}COOC_{26}H_{43}$	41°
Isocholesterinstearat	$C_{17}H_{35}COOC_{26}H_{43}$	72°

V.

a) Pflanzenfette.

Bassiafett; aus Samen von Bassia latifolia: Stearin-, Palmitin-, Ölsäure.
» » » B. Parkii (Sheabutter): 29,7% Ölsäure, 70,3% Stearinsäure.
Behenöl; » » » Moringa oleifera: Behen-, Ölsäure, Palmit.?
» » » M. aptera: Behen-, Stearin-, Palmitinsäure.
Borneotalg; » » » Shorea stenoptera: 1/3 Ölsäure, 2/3 Stearinsäure.
Kakaobutter; » » » Theobroma cacao: s. Klimont, 101.
Chines. Pflanzentalg; aus Frucht von Stilling. sebif.: Palmitin-, Ölsäure.

Kokosnußöl; aus Fruchtkernen der Kokospalme, 68 % Fett: Capron-, Capryl-, Caprin-, Laurin-, Myristin-, Palmitin-, Ölsäure.
Colzaöl; aus Br. campestris. — Bis 40 % Fett in den Samen.
Cottonöl; » Baumwollsamen: Ölsäure, daneb. Linol- und Palmitinsäure.
Crotonöl; » Samen von Croton Tiglinum: Ameisen-, Essig-, Isobutter-, -Isovalerian-, Tiglin-, Laurin-, Myristin-, Palmitin-, Stearin-, Ölsäure.
Erdnußöl; » » » Arachis hypogaea. Samen bis 50 % Fett: Arachin-, Hypogäa-?, Palmitin-, Öl-, Linolsäure.
Kartoffelfett; 0,065—0,082 %. Myristin- und Palmitinsäure usw.
Lorbeerfett; Früchte von Lauris nobilis: Laurinsäure u. a.
Maissamenöl; ³/₄ Ölsäure; Palmitin-, Stearinsäure.
Mandelöl; in den süßen Mandeln über 50 %: Ölsäure, Linolsäure.
Muskatbutter; aus Samen von Myristica moschata: bes. Myristinsäure.
Oliven(-Baum-)Öl; aus Früchten von Oleo europaea: Öl-, Palmitin-, Linolsäure, Arachin?
Palmöl; aus Früchten von Elaeis guineensis: Öl-, Palmitinsäure, 1 % Stearinsäure.
Palmkernöl; aus Samen der Früchte von Elaeis guineensis: Capryl-, Capron-, Caprin-, Laurin-, Myristin-, Palmitin-, Stearinsäure.
Paranußöl: aus Bertholletia excelsior: Palmitin-, Stearin-, Ölsäure.
Rapsöl; » Samen von Brassica Napus.
Rüböl; Eruca-, Rapinsäure u. a. Arachinsäure?
Ricinußöl; aus Samen von Ricinus communis: Ricinolsäure, sehr wenig Stearinsäure.
Sesamöl; aus Samen von Sesamum orientale: Ölsäure, Linolsäure.
Sonnenblumenöl; aus Samen von Helianthus annuus: bes. Linolsäure, wenig Ölsäure.
Traubenkernöl; 15—18 % fett. Öl in den Kernen, wenig Palmitin- und Stearinsäure, Erucasäure u. a.

b) Trocknende Öle.

Hanföl; aus Samen von Cannabis sativa: bes. Linolsäure, wenig Linolen-, Isolinolen- und Ölsäure.
Hölzöl; » » » Elaecoccus vernic.: 41—72 % Elaeomargarinsäure, Rest Ölsäure.
Leinöl; » » » Linum usitatissimum; 33 % Öl: Linolsäure, Linolen-, Isolinolen-, Ölsäure.
Mohnöl; » » » Papaver somniferum und P. nigrum: Palmitin-, Stearin-, Linol-, Öl-, wenig Isolinolen- und Linolensäure.
Wallnußöl; aus Nüssen von Juglans regia: Laurin-, Myristin-, Linol-, wenig Linolen-, Isolinolen- und Ölsäure.

VI.

Tierische Fette.

Butter: Butter-, Capron-, Capryl-, Caprin-, Myristin-, Palmitin-, Stearin-, wenig Arachinsäure. 88% derselben in H_2O unlöslich.

Crustaceenfett: Die meisten Organe fettlos, die Leber sehr fettreich bis 50%, so z. B. bei Cancer pagurus, Palinurus vulgaris.

Dekapodenfett: Hauptsächlich in der Leber, z. B. Birgus latro: besonders Laurin-, daneben Capron-, Capryl-, Palmitin- und Stearinsäure.

Delphintran: von Delphinus globiceps: Valerian-, Palmitin-, Ölsäure und Wallratfett.

Eieröl: aus Eigelb, Olein 80—85%, feste Glyzerid. 16% Chelast, Lecithin, nach Liebermann: Glyzerid: 40% Ölsäure, 38% Palmitin, 15% Stearin.

Elephantenfett: 21% Palmitin und 79% Olein.

Gänsefett: Palmitin-, Stearin-, Ölsäure u. die flüchtigen Säuren der Butter.

Hammelfett: bes. Stearin-, wenig Palmitin- und Ölsäure. (?)

Menschenfett: s. S. 72.

Rindstalg: Olein wie bei Hammelfett, feste Clyc. zwischen Gehalt von Menschen- und Hammelfett.

Robbenfett: Ölsäure, Palmitinsäure, Physetölsäure?

(Lebertran: von Gadusarten, Dorsch und Kabeljau: Ölsäure, Palmitinsäure, wenig Essig- und Buttersäure, Cholesterin).

Schweineschmalz: Öl-, Palmitin-, Stearin-, Heptadekansäure.

Im Sekret der Bürzeldrüse von Gänsen und Wildenten: 40—45% Oktadekylester der Fettsäuren!

Nachtrag.

Zu Seite 6, 7, 33 und 34.

Bezüglich der Entstehung von optisch aktiven Fettsäuren und von niederen Fettsäuren bei der Fäulnis von Eiweißstoffen (Casein), beziehungsweise bei der Desamidierung von Aminosäuren: Asparagin, Glutamin-, Asparagin- und Aminoisovaleriansäure sei auf die Untersuchungen von Neuberg und seinen Mitarbeitern verwiesen. (Biochem. Zeitschr., Bd. I, Heft 4; Bd. XIII, S. 299; Bd. XVIII, S. 424, 431, 435.)

Autorenregister.

(Die Ziffern bedeuten die Seitenzahlen.)

Sachregister.

(Die Ziffern bedeuten die Seitenzahlen.)

N

O

P

Q

R

S